华东交通大学教材（专著）出版基金资助项目

深度学习在牵引供电系统暂态辨识与故障测距中的应用研究

傅钦翠 ◎ 著

西南交通大学出版社

·成 都·

图书在版编目（ＣＩＰ）数据

深度学习在牵引供电系统暂态辨识与故障测距中的应用研究 / 傅钦翠著. —成都：西南交通大学出版社，2022.11
　　ISBN 978-7-5643-9029-7

Ⅰ. ①深… Ⅱ. ①傅… Ⅲ. ①牵引供电系统 – 故障检测 – 研究 Ⅳ. ①TM922.3

中国版本图书馆 CIP 数据核字（2022）第 231390 号

Shendu Xuexi Zai Qianyin Gongdian Xitong Zantai Bianshi yu Guzhang Cejü Zhong de Yingyong Yanjiu

深度学习在牵引供电系统暂态辨识与故障测距中的应用研究

傅钦翠 / 著

责任编辑 / 何明飞

封面设计 / 原谋书装

西南交通大学出版社出版发行

（四川省成都市金牛区二环路北一段 111 号西南交通大学创新大厦 21 楼　610031）
发行部电话：028-87600564　　028-87600533
网址：http://www.xnjdcbs.com
印刷：成都蜀通印务有限责任公司

成品尺寸　170 mm×230 mm
印张　10.25　　字数　203 千
版次　2022 年 11 月第 1 版　　印次　2022 年 11 月第 1 次

书号　ISBN 978-7-5643-9029-7
定价　56.00 元

牵引供电系统是电气化铁路的关键基础设施，也是相对薄弱的环节，其绝缘故障、跳闸、弓网电弧、过分相涌流等非正常工作状态，既会对供电可靠性造成威胁，也会给设备带来损害，准确地辨识故障或异常，有利于提高运行维护水平。另外，接触网点多线长，无备用，一旦故障停电，将中断行车，故障的精确定位有利于缩短修复时间。牵引供电系统中的暂态量测数据蕴含着丰富的信息，是实现准确甄别异常或故障、确定故障发生位置的数据基础。然而，现场实测信号复杂多样，对暂态特征信息的提取需耗费大量人力成本，行波所含故障信息与故障位置的映射关系有待深入分析。针对以上难题，本书在将深度学习方法引入到暂态信号的特征信息的自动提取和处理中做出了尝试和研究，并取得了较好的实验效果，从而为牵引供电系统的暂态辨识与故障测距提供了一条新的解决思路和方法。

首先，分析了牵引供电系统暂态过程产生机理、暂态信号的特征和故障行波的传播规律。结合现场实测数据，从理论分析、仿真实验和实测波形等多方面研究各类暂态量的时频特征。针对故障行波，进行相模变换解耦，分析行波各模量的传播特点，并进行仿真验证。

其次，在暂态辨识方面，一是研究了基于一维卷积神经网络 CNN 的雷电绕击、反击识别方法，从特征学习、健壮性和分类性能等方面的评估结果，体现了卷积神经网络在自动特征提取上的优势；二是针对暂态过程的识别，研究了一种用于多变量时间序列的门控循环网络 GRU 和 CNN 并行的模型来提升暂态辨识的性能。

再次，对于未标记的实测数据，提出了基于 1D-CNN 和 LSTM 的深度时间聚类方法，采用联合优化用于特征提取的卷积自动编码器和用于聚类的目标的方式实现了优异的聚类性能，并在不同数据集上进行了实验以测试其聚类的效果。

最后，在故障测距方面，研究了两种测距方法：一是利用行波波到的波尾形态差异判断故障区段的单端故障测距算法，并进行了仿真验证；二是基于波形形态与故障距离的映射关系，利用 GRU 在时序建模的优势，提出了基于 GRU 和 CNN 的单端故障测距算法，并在现场短路试验数据上进行了验证。

本书可作为电气工程及其自动化专业、轨道交通电气化专业和其他相关专业的本科或研究生的参考教材，也可用作相关研究开发人员的参考书。

本书是作者在轨道交通电气化领域研究工作的一个小结。在本书出版之际，特别感谢陈剑云教授二十多年来的悉心培养与教导。同时，本书的完成离不开团队成员的支持与帮助，感谢团队中钟汉华、周欢、华敏、徐望婷等博士生，以及舒新星、武伟康、陈正朔、余苏治、潘胜楠、吕善铜、佘颖、蔡少东等研究生协助制作大量的仿真数据样本，采集并整理现场量测数据。感谢陈正朔、余苏治、蒋梦雨等研究生在写作过程中无私付出的辛勤劳动与努力。本书的研究调研过程中得到了铁路业界同行的大力帮助，感谢他们提供的现场资料。感谢书中所有被引用文献的作者。

本书的相关研究得到了国家自然科学基金项目"AT 牵引供电系统色散特性计算与行波故障测距算法研究"（编号：51467004）、"环隙壁湍流中弓网系统多相体放电及电弧烧蚀机理研究"（编号：52277148）、江西省教育厅科学技术研究重点项目"高速铁路牵引网行波故障测距及杂波辨识"（编号：GJJ210604）、省部共建轨道交通基础设施性能监测与保障国家重点实验室开放基金等的资助。感谢华东交通大学教材（专著）出版基金对本书的资助。

由于作者的水平有限，书中不妥之处恳请广大读者批评指正。

华东交通大学　傅钦翠

2022 年 6 月

目 录 | **Contents**

绪 论

1.1 引 言

电气化铁路采用电力作为牵引动力，牵引供电系统是电气化铁路的关键基础设施，也是相对薄弱的环节，动车组高速行驶时其受电弓和接触线之间的接触不良易造成弓网电弧，加之铁路沿线复杂的地理和气候环境（容易受雷电、高秆植物、漂浮物等外部因素的影响而发生故障），工作条件恶劣，发生跳闸及短路次数较多。牵引供电系统的绝缘故障、跳闸停电、弓网电弧、过分相涌流等非正常工作状态，既会对其供电可靠性造成威胁，也会给接触网、动车组等设备带来损害，给牵引供电系统的运行留下安全隐患。因此，快速、准确地辨识故障或异常，确定故障类型，分析出故障事故的致因，有利于运维单位及时发现运维工作中的不足，为制订针对性的防范措施提供依据，提高牵引供电线路的运行维护水平。另一方面，接触网结构复杂、点多线长，又无备用设备，一旦故障停电，将中断行车，供电线路故障的精确定位不仅能够缩短故障修复时间、减少对列车运行的影响，而且能够减轻巡检工作人员的劳动强度，对保障铁路安全运行具有重要意义。

牵引供电系统暂态量测数据蕴含着丰富的信息，是实现准确甄别牵引供电系统非正常运行状态、确定故障发生位置的数据基础。牵引供电系统是高阻弱故障还是（较）强故障模态，是雷击闪络故障还是短路故障、雷击类型等信息，都蕴含并反映在量测端观测的波形时频分布中，而故障发生的区段、位置等信息与故障行波形态（陡度、极性和波到序列时差）也存在一定的映射关系。

在暂态信号辨识方面，首先，牵引供电系统在进行开关操作、动车组负荷处于不同工况、弓网分离、发生雷击或短路故障等各种的暂态过程中，会引起从直流到行波高频量的宽频暂态分量。由于发生机理不同，对应不同性质的激励源，暂态量响应存在差异，导致观测到的波形具有不同的特性，现场实测波形呈现多样性和复杂性，对于牵引供电系统中发生的各种暂态过程的产生机理、暂态信号的时频域特征有待深入研究。

其次，面对复杂多样的暂态信号，传统的暂态信号辨识方法在特征提取、分类效果上欠佳。暂态信号辨识的关键在于特征信息的有效提取，诸如小波变换等时频分析工具获得的信息由于冗余、非直观而无法直接使用，存在特征信息依赖主观选取的问题，而且由于特征提取和分类是分别执行的，无法同时优化。在不依赖复杂的信号处理算法和专业知识的情况下进行暂态信号时频分布特征的自动提取，并与分类联合优化，从而实现对暂态信号准确可靠的识别是亟须解决的关键问题之一。

再次，现场积累的大量实测暂态数据是反映系统状态的最真实可信的数据[1, 2]，但其大多数为无标记的，且可能记录了牵引供电系统的一些未知的暂态事件，对这些数据进行标记需依据暂态过程的成因并结合现场作业记录等手段进行人工分析，需要耗费大量的人力且依赖专业知识。选择合适的无监督学习聚类技术，解释这些实测暂态数据，分析其与牵引供电系统暂态过程的相关性是一个具有挑战性的工作。

在故障测距方面，现有的故障测距装置大多基于阻抗测距原理，故障信息来源于低频稳态量，受工况影响波动较大，而行波测距法基于高频行波暂态量，且不受工况等因素的影响，受到越来越多的关注。在高速铁路中广泛应用的全并联 AT（Auto Transformer）牵引供电系统，具有特殊的线路结构，其行波传播的特点，供电臂出线端检测到的电压、电流行波所含故障信息与发生故障的区段、位置的映射关系有待深入分析与挖掘，可为其故障行波测距算法的建立和产品研制奠定理论基础。针对全并联 AT 牵引供电系统的行波传播规律，建立行之有效的行波故障测距算法是本书关注的另一重点问题。

当前，以深度学习为代表的新一代人工智能技术发展迅速，呈现出深度、自主学习的新特征，深度学习强大的自动特征提取能力，为本研究提供了解决思路。本书引入深度学习方法，利用深度卷积神经网络强大的自动提取数据特征的能力，提取暂态信号时频分布的深层次特征，结合循环神经网络对故障行波波到时序进行建模，实现牵引供电系统暂态信号的辨识和精确故障测距。

1.2　牵引供电系统的暂态过程

牵引供电系统作为一种特殊的供电网络，所带动车组为移动的非线性负荷，动车组的各种运行工况导致负荷电流波动较大，具有冲击性，实测波形呈现多样性和复杂性。牵引供电系统的暂态信号主要来源于以下几方面：

（1）由正常操作隔离开关、接地开关引起的暂态扰动。

（2）动车组运行过程中的一些暂态过程，如动车组通过分相区时产生的过电压、冲击涌流；滑动的受电弓和接触线之间接触不良时产生电弧导致的弓网离线过电压；动车组不同运行工况（牵引、再生制动）下产生的暂态过程。

（3）外部作用于牵引供电线路的，如雷电直接击中接触网高压导线或其接地部分，牵引供电线路受到其他外界因素（如污闪、树障、覆冰、鸟害等）的影响发生的短路故障。

这些暂态过程会产生较强的过电压、冲击涌流，既会对高速铁路供电可靠性造成威胁，也会给接触网、动车组等设备带来损害，给牵引供电系统的运行留下安全隐患。

对于弓网电弧，动车组在行驶过程中，受弓网振动、线路不平顺等因素的影响，弓网之间将产生离线，造成供电系统出现瞬态过电压，并产生弓网电弧，使得受电弓的滑板和接触线受到电弧的高温烧蚀，易缩短接触线、受电弓滑板的寿命。弓网电弧严重时会影响高速动车组的稳定受流[3]。

对于过分相，动车组离开分相区后车载主断路器闭合，其上牵引变压器空载投入，而变压器在空载下供电，可能产生励磁涌流。较大的励磁涌流可能会引起变压器差动保护误动作，也会给高速列车高压系统带来一定程度的危害。雷击是否引起绝缘故障，对牵引供电线路正常运行的影响不同。未引起绝缘子闪络时为非故障性雷击，引起绝缘子闪络时为故障性雷击，从保护线路的角度，有必要将非故障性雷击与故障性雷击区分开来。

对于短路故障，电气化铁路沿线环境复杂，短路故障时有发生。当发生树障、导线坠地等非金属性短路故障时，过渡电阻较高，为弱故障模态，故障特征减弱，导致继电保护拒动[4]，从保护线路的角度，有必要将其准确识别出来。

在牵引供电系统暂态过程的研究方面，已有相关研究成果。过分相电磁暂态过程方面，文献[5-7]通过建立各个暂态过程的等效电气模型，仿真分析了动车组过分相过电压。文献[8, 9]对动车组过分相时车载牵引变压器励磁涌流进行了仿真分析。弓网离线过电压方面，文献[10-14]针对弓网电弧的产生机理建立数值仿真模型，对弓网离线过电压的电磁暂态仿真分析。雷电过电压方面，文献[15]通过建立雷击接触网时高速动车组车体过电压仿真模型，探究了雷击接触网时高速动车组车体过电压及其抑制措施。文献[16]建立了接触网的雷电过电压计算模型，分析计算了接触网雷击跳闸的概率和特点。

1.3 国内外研究现状分析

1.3.1 暂态信号辨识的常规方法

目前，在暂态信号的辨识的方面，通常采用基于物理特征的方法，主要包括特征提取和模式识别两个环节。暂态信号属于非平稳随机过程，其本质区别是时频分布的差别。在特征提取环节，通过信号处理对暂态信号进行变换和重构，从中提取时、频、时频域上的有效特征，通常采用小波变换[17-20]、S 变换[21, 22]、HHT 变换[23]、变分模式分解[24]等时频分析技术，提取暂态信号的时频特征，再从特征全集中筛选出更简洁的特征子集，去除冗余特征。在模式识别环节，利用分类算法实现分类器，用于确定信号所属的类别，采用的方法有神经网络[25-27]、支持向量机[28]、模糊综合评价[29][30]等。如文献[17-20]以小波能量、小波熵、小波包时间熵作为故障分类的特征值，但由于小波分解相邻尺度的能量泄漏及混叠，对复杂暂态信号进行特征提取时存在局限性；文献[31]根据不同故障类型下三相暂态电流的时频特征相关系数和时频能量特征设计故障分类机制，但选择的特征量限于有限的几类故障分类；文献[32, 33]采用基于粒子群优化的特征选择算法在由 S 变换结果构建的时频矩阵中搜索最优特征；文献[24]采用 Fischer 线性判别分析减小变分模式分解所得特征集的维数。

上述暂态信号辨识方法存在的问题在于：需要掌握大量的信号处理技术并结合丰富的工程实践经验来提取特征；特征提取和分类分别设计和执行，这种分而治之的方法，无法同时优化；需依据特征的表达能力，选取合适的特征，表征能力有限；采用的支持向量机等线性分类方法实为浅层算法，应用效果依赖于特征表达能力，当特征值或分布受到工况影响时，容易产生误判。

1.3.2 雷电暂态信号识别的研究

我国高速铁路沿线区段大多采用高架桥结构，接触网的架设高度较大，更容易遭受雷击。研究表明，雷击是造成牵引供电线路跳闸的主要原因[34, 35]，是铁路安全运行的重大隐患。接触网的雷击类型分为感应雷和直击雷。根据雷击部位的不同，直击雷分为雷击接触网支柱顶端的接地部分（反击）和雷击接触线或承力索等高压部分（绕击）2 种。不同的雷击类型的过程以及机理是不同的，所采取的防护措施也应不同，反击主要与线路绝缘水平、支柱的接地电阻有关；而绕击主要与保护角、线路架设高度有关。因此需要对接触网线路的绕击、反击进行有效识别，找出防雷的薄弱环节，为制订防雷措施提供依据。

然而，对于牵引供电线路绕击、反击故障的识别还存在较大的困难。针对牵引供电线路绕击、反击的研究方面，在线路设计阶段，采用电气几何模型、经验数据等方法，试图在设计阶段消除雷电对牵引供电线路的威胁[16, 36]；在线路投运后，绕击、反击故障的区分多是由巡检工作人员根据现场绝缘子闪络烧伤情况依靠经验判定。

近年来，已有过电压在线监测装置应用于供电线路，这些在线监测装置可以为线路雷击部位的识别提供重要的数据来源。在由监测到的雷电暂态信号进行线路绕击、反击的识别方面，电力工作者们基于雷电暂态信号的时频域特征，提出了各种雷电过电压的判别方法。大致分为两类：

一类为基于雷电暂态信号的时域特征的，文献[37]利用零模电压初始行波浪涌模极大值极性变化的差异识别绕击与反击故障；文献[38]基于雷电暂态电流的时域特征，提出利用三相电流首个行波极性的异同来识别反击故障；文献[39]提出反击雷电过电压发生时，闪络相在绝缘子未击穿时，由于避雷线的耦合作用，存在空间电磁耦合电流，而绕击过电压闪络相不存在空间电磁耦合电流，将空间电磁耦合电流存在与否作为判断绕击、反击的重要特征。然而，由于雷电暂态信号沿线衰减，当信号采样点与雷击点距离较远时，反击时引起的首个行波幅值往往较小，上述只利用雷电暂态信号的初始行波特征作为反击和绕击雷电过电压判据的方法可能失效。

另一类为基于雷电暂态信号的时频分布特征的，主要是应用形态谱、小波变换、经验模式分解等信号处理方法对雷电暂态信号进行变换，并从中提取时频域上的有效特征，然后进行识别。文献[40]基于绕击和反击过电压暂态过程的分析，对雷电暂态信号进行经验模式分解，选择包含大部分高频信号的若干个固有模式函数（IMF）进行 Hilbert 变换，将变换后的 IMF 瞬时幅值作为特征量，计算其相应的方差贡献率的大小，完成输电线路雷电绕击和反击的判别；文献[41]采用数学形态学的方法提取反击和绕击过电压的形态谱，然后以此为特征量，采用支持向量机分类，实现反击和绕击的识别。这类识别方法存在的问题与前面所述的一样，特征提取和分类分别设计和执行，无法同时优化，需依据特征的表达能力选取合适的特征，表征能力有限。

1.3.3 基于暂态量的牵引供电系统故障测距

牵引供电系统故障测距的作用是在供电系统发生故障后，准确地判断发生故障的位置及其故障类型，为现场巡检人员提供准确的故障信息。行波测距法基于高频行波暂态量，且不受工况等因素的影响，具有更好的研究和应用前景[42]。单端行波故障测距方法是当前现场应用较多的一种行波测距方法，在提高单端测距方法可靠性方面，学者们从不同线路结构下行波传播与折反射传播规律出发，分析故障行波反映和表征故障位置的机理，提出相应的测距方法[43]。文献[44]分析到达检测母线的各个行波波头极性组合反映线路的不同故障区段的机理，以行波波头极性组合为判据，推导出对应不同区段的故障测距算法。文献[45]同时考虑电流行波极性和电压行波极性，提出了综合行波极性判别法。

对于具有特殊结构的全并联 AT 牵引供电系统而言，要实施有效可靠的单端故障行波测距存在如下问题。首先，线路中并联了低漏抗的自耦变压器，而关于自耦变压器对行波造成的影响的相关研究不多，文献[46]认为自耦变压器对行波不造成影响，原因是行波频率较高，理想情况下可将自耦变压器看作开路。然而，由于电气化铁路对 AT 专用自耦变压器有低阻抗的要求[47]，远低于常规电力变压器标准阻抗，简单地将自耦变压器视为开路并不合适，自耦变压器的存在对行波所造成的影响还有待分析，对自耦变压器进行合理的电磁暂态建模十分必要。

AT 牵引供电系统的上下行线路并线架设，且每隔一段进行并联连接，其行波传播的特点，供电臂出线端检测到的电压、电流行波所含故障信息与发生故障的区段、位置的映射关系有待深入分析。文献[48, 49]直接采用基于单回线的行波测距方法，该方法没有利用同杆并架双回线自身的故障行波特征；文献[50]针对同杆双回线路研究其行波传播特点；文献[51]研究了双回线路多模分量传播规律。因此，AT 牵引供电系统行波传播规律及特点是一个需要重点研究的课题，可为其故障行波测距算法的建立和产品研制奠定理论基础。

1.3.4　深度学习在电力系统领域的应用

深度学习（Deep Learning，DL）强大的自动特征提取能力，为牵引供电系统暂态信号辨识、故障信息提取提供了新思路。深度学习试图通过分层体系结构中的非线性信息处理单元的多层堆叠来建模数据的高级表示（特征），并预测/分类模式[52, 53]。深度学习的最大特点在于，网络的深层结构和特征的自动学习，深层次的网络结构使其具有更强的自动提取数据特征的能力[54]。近年来，深度学习已成为一种强有力的工具，并成功地应用于机器视觉、语音识别等领域。众多深度神经网络在不同的场景下均取得了令人满意的表现[55, 56]。其中，卷积神经网络（Convolutional Neural Network，CNN）在二维图像识别、一维时间序列分类等领域取得了重大突破；循环神经网络（Recurrent Neural Networks，RNN）则擅长对序列信号的处理。在这些成果的推动下，深度学习被引入电力系统，如故障诊断、电能质量扰动识别、异常用电行为检测等领域[57-60]。

在电力系统领域下，深度神经网络体现了强大的自动提取数据特征的能力。例如，在电力设备的故障诊断方面，传统模式识别方法进行故障诊断时存在故障特征依赖主观选取的问题，而深度学习的强辨识能力必然能够提升故障诊断能力[61]。在电能质量扰动识别方面，文献[57]提出基于深度学习模型融合的电压暂降源识别方法，通过卷积神经网络获取电压暂降信号的时序特征和空间特征，测试结果表明生成的融合模型具有良好的泛化性和抗噪性。以上研究表明，深度学习能够辨识出数据内在的耦合特征，并将获取的特征信息融入建模过程，从而避免人工选取特征的不足和传统特征提取方法存在的复杂性。

卷积神经网络在电力系统领域取得了令人满意的表现，然而，对于那些彼此之间存在时间关联性的序列，要分析其整体逻辑特性，卷积神经网络的应用范围还是有限的。而循环神经网络 RNN 不同于上述深度

（前馈）神经网络模型，通过引入定向循环，能够更好地表征高维度信息的整体逻辑特性，尤其擅长对序列信号的处理。鉴于 RNN 在训练时易出现梯度弥散现象，在处理较长序列数据时效果较差，Hochreiter 等人[62]对 RNN 做出改进，提出长短时记忆网络（Long Short-Term Memory，LSTM），Cho 等人[63]提出一种简化版 LSTM，门控循环网络（Gated Recurrent Unit，GRU）。近年来 LSTM、GRU 在语音识别等方面取得了巨大突破，已成为各行业的研究热点，在电力系统中主要被用于解决预测类问题。例如，文献[64]引入深度学习的回归能力改进预测模型，借助长短期记忆网络中的循环结构和记忆单元善于捕捉时序变化特征的能力，预测光伏系统输出功率。还有研究[65]针对电力系统中常发生的线路跳闸故障，利用长短期记忆网络善于提取时间序列特征的优势，捕获输配电过程的数据的时间特性，实现线路跳闸的故障预测。

1.3.5　实测暂态数据的无监督学习聚类

现场积累的大量实测暂态数据大部分序列数据是未标记任何类别的，或默认情况下被视为正常类别。一些具有正常类别标签的序列与扰动事件高度相关，即这些序列应该是异常的。当我们使用这种缺失标签或错误标签的序列来训练分类器时，可能会产生非常差的结果。对这些数据进行标记需依据暂态过程的成因并结合现场作业记录等手段进行人工分析，要耗费大量的人力且依赖专业知识。解释这些实测录波数据，分析其与牵引供电系统暂态过程的相关性仍然是一个挑战。

针对实测无标记数据的解析，已有相关研究工作，例如，文献[2]为了全面地识别相量测量单元记录的所有扰动事件，利用一个北美公用事业公司数据库中存储的实际扰动文件，选择合适的无监督学习聚类技术，来确定扰动文件中具体包含了多少类（扰动类型）。文献[66]对电力系统监测的扰动进行分析，但在分类中只使用了最频繁发生的事件。

实测暂态数据是具有时间相关性的序列，属于时间序列数据。对于时间序列的聚类，时间序列数据维度高且数据复杂。而传统的聚类方法为分层方法、基于密度的方法、基于网格的方法等，其中，基于密度的聚类和基于网格的聚类等方法不能用在时间序列聚类上，而层次聚类的计算复杂度太高，只能用在小规模的数据集上。对于高维度的时间序列数据，需要将原始的时间序列数据合理地转换为低维的特征向量。现有的时间序列聚类方法的研究主要集中在两个核心问题上：有效的降维和选择合适的相似度度量。

一类解决方案将原始的时间序列数据转换为低维的特征向量。例如，采用离散小波变换[67]、经验模态分解[68]、主成分分析[69]等方法对时间序列数据降维。这类方法的缺点是，降维独立于聚类准则进行，可能造成长时间相关性的潜在损失以及相关特征的丢失。

另一类解决方案则是在两个时间序列之间创建合适的相似性度量，然后将这些相似性度量合并到传统的聚类算法中。然而有研究表明相似性度量的选择对结果有较大影响[70]。这类方法的难点在于找到适用于时间序列的距离/相似性度量。由于时间序列数据的复杂性和高维性，在没有适当降维的情况下，良好的相似性度量可能不足以获得最佳的聚类结果。

上述研究表明，获得有意义的聚类结果关键在于选择一个有效的潜在空间来捕捉时间序列数据的特性并确保相似性度量与时间特征空间兼容。因此，一个有效的潜在表示和一个可以集成到学习结构中的相似性度量对于实现高聚类精度至关重要。最近，对静态数据聚类方法的研究通过联合优化用于特征提取的堆叠式自动编码器和用于聚类的 k-means 目标实现了优异的性能[71-73]。虽然这些方法是为静态数据设计的，但也可推广用于时间序列的聚类。

1.4　主要研究内容

本书将深度学习算法应用于牵引供电系统暂态信号辨识与故障测距，拟围绕如下 4 个方面展开系统研究。

1. 暂态过程产生机理、暂态信号的特征和故障行波的传播规律分析

以高速铁路广泛采用的 AT 牵引供电系统为对象，结合现场实测数据，从电磁暂态理论层面分析牵引供电系统暂态过程发生机理，梳理暂态信号的来源和成因，构建短路、雷击、弓网离线、过分相等暂态的仿真模型，并将仿真实验结果与实测波形对比验证，从理论分析、仿真实验和实测波形等多方面研究牵引供电线路各类暂态量的时频特征，为牵引供电线路暂态辨识的特征设计提供依据。

针对故障行波，首先建立 AT 自耦变压器的电磁暂态模型，然后结合线路相模变换解耦，将行波分解为同向模量和反向模量，解析计算同向模量在并联连接处的波过程，分析行波各模量的传播特点，并进行仿真验证，为行波故障测距算法提供理论依据。

2. 牵引供电系统暂态信号的辨识

在暂态辨识方面，一是对雷击故障时的暂态信号的识别，目的是区分绕击、反击。针对雷电暂态信号的有效特征提取问题，提出基于一维卷积神经网络和多任务学习的雷电绕击、反击识别方法，从特征学习、抗噪声健壮性和分类性能等方面对所提方法进行评估。二是分类识别出牵引供电系统中常见的10种暂态过程(或沿用电能质量监测标准的提法，称为暂态事件)，目的是辨识出系统的异常（如弓网电弧、过分相涌流、雷击干扰）或故障（短路/雷击、强/弱模态）。考虑到以数据驱动的深度学习方法依赖于样本的准确性，采取现场实测与电磁暂态仿真相结合的方式构建牵引供电系统暂态数据集用于训练模型。另外，在牵引供电系统中反映不同暂态过程的有用信息不仅存在于电流中，也存在于电压中，只有将两者结合，并充分利用其相互依存的动态关系，才能准确区分暂态信号。基于对牵引供电系统各种暂态信号特征的分析，研究一种用于多变量时间序列的 GRU 和 CNN 并行的模型来提升暂态辨识的性能。

3. 实测暂态数据的深度聚类分析

对于现场积累的未标记的实测数据，获得有意义的聚类结果关键在于选择一个有效的潜在空间来捕捉时间序列数据的特性并确保相似性度量与时间特征空间兼容。因此，一个有效的潜在表示和一个可以集成到学习结构中的相似性度量对于实现高聚类精度至关重要。基于此，引入深度学习技术，通过联合优化用于特征提取的卷积自动编码器和用于聚类的 k-means 目标实现优异的性能，并在不同数据集上进行实验测试其聚类的效果。

4. 牵引供电系统的故障测距算法

一是基于全并联 AT 牵引供电系统行波模量传播特点的分析，研究利用行波波到的波尾形态差异判断故障区段的单端故障测距算法，并进行仿真验证。二是基于波形形态（行波幅度、陡度、极性和时差）与故障距离的映射关系，利用 GRU 在时序建模的优势，进行行波波到时序匹配，以此构建基于 GRU 和 CNN 的单端故障测距算法，并分析钢轨电流不可测对故障测距结果的影响。

总的来说，研究内容 1 为理论分析，内容 2、3、4 为所提算法及其应用，其中内容 3 对实测暂态数据的聚类为暂态信号的辨识提供标签数据。

牵引供电系统暂态过程分析

现场实测数据能完整反映动车组不同运行状况下的暂态过程，现场采录波形更符合现实工况。本章一方面依据暂态过电压、过电流的产生机理并结合动车组负荷特性对现场采录波形进行分析，确定其成因；另一方面，从电磁暂态理论层面分析牵引供电系统暂态过程发生机理，构建短路、雷击、弓网离线、过分相等暂态的仿真模型，并将仿真实验结果与实测波形对比验证，确保仿真结果的正确性。

2.1 牵引供电系统暂态过程类型

牵引供电系统作为一种特殊的供电网络，所带动车组为移动的非线性负荷，还具有冲击性，运行情况复杂，所观测到的波形呈现多样性和复杂性。图 2.1 所示为牵引供电系统暂态过程分类，牵引供电系统的暂态信号主要来源于以下几方面。

（1）由正常操作隔离开关、接地开关引起的暂态扰动，此类操作通常发生在日常供电检修作业时。

（2）动车组运行过程中的一些暂态过程引起的过电压，如动车组通过两个异相供电臂衔接处的过分相装置时，动车组主断路器的投切、车载牵引变压器的空载投入而产生的过分相过电压、冲击涌流；滑动的受电弓相对于接触线高速运行，受电弓振动或接触线不平滑等原因使受电弓频繁离线产生电弧导致的弓网离线过电压；动车组负荷突变时，不同运行工况（牵引、再生制动工况）下产生的暂态过程。

（3）外部作用于牵引供电线路的，如雷电直接击中接触网高压导线或其接地部分，在线路上产生冲击电压行波，或是雷击线路附近引起的感应过电压，如绝缘子闪络发展为故障性雷击；牵引供电线路受到其他外界因素（如污闪、树障、覆冰、鸟害等）的影响发生的短路故障。

由于发生机理不同，对应不同性质的激励源，暂态量响应存在差异，导致观测到的波形具有明显不同的特性。

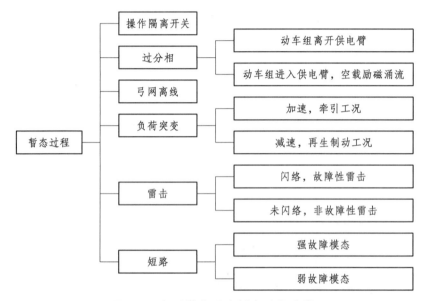

图 2.1　牵引供电系统暂态过程分类

2.2　实测数据分析

2.2.1　总体情况

本研究于 2017—2020 年通过客运专线的现场测试，获得了大量牵引供电运行数据，图 2.2 所示为某牵引变电所暂态数据采集现场。2017 年 10 月于武广高铁某牵引变电所进行了为期数周的电能质量监测，跟踪动车组运行状况，每天监测到的录波数据 100 余条；2019 和 2020 年于武九客专某牵引变电所、京九线某牵引变电所，2019 年 10 月于新建的昌吉赣客运专线某牵引变电所进行的七次短路实验中，获取了短路故障下的现场录波数据。

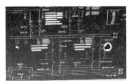

图 2.2 牵引变电所暂态数据采集现场

2.2.2 现场测试情况说明

牵引变电所现场测试情况说明如下。

（1）测试仪器：测试工作中使用的仪器符合现行电能质量国家标准[88, 89]及 IEC 标准[90]要求，可确保测试数据的准确度。

（2）测量数据来源：测量数据由牵引变电所供电侧的馈线电流、电压互感器的二次侧监测装置取得，监测单边供电臂的电压、电流。

（3）测试内容：负荷曲线、谐波、瞬态录波。

（4）测试时间长度：为了完整反映牵引供电系统负荷的周期变化（电气化铁路按运行图运输，其负荷周期一般为 1 d[91]），测试时间长度不少于 72 h，测量记录间隔时间为 1 min。

（5）录波记录：以触发记录方式捕获电能质量暂态事件的波形，录波方式有两种，分别为示波器录波（采样频率为 40.96 kHz，记录波形时间为 4 s）、瞬态卡录波（采样频率为 2 MHz，记录波形时间为 32 ms）。设置的触发条件为电压阈值触发、电压包络线触发、电压暂降触发、电流上限阈值触发等。其中，电压阈值设置为额定电压的±10%。

2.2.3 主要测试结果分析

（1）负荷用电特性：图 2.3 所示的 1 h 负荷曲线显示，电气化铁路负荷呈现不规则的波动性，且具有冲击性。这是因为，动车组运行状态受线路条件、过分相、列车员控制等诸多因素的影响，运行过程中牵引负荷不断变化，从而导致其牵引电流有较大的波动。

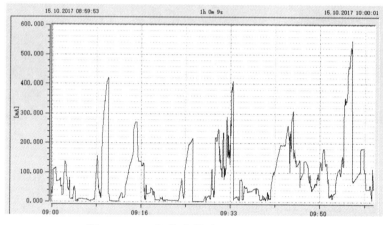

图 2.3　1 h 负荷曲线（9:00—10:00）

注：仪器测量电流变比为 2 000。

（2）谐波分布状况：高速铁路动车组普遍采用交-直-交传动系统，牵引供电系统中低次谐波有较大改善，但其频谱变宽，低次谐波主要为 3、5、7、9 次，高次谐波主要分布在开关频率的偶数倍附近（50±5 的奇次），图 2.4 所示为电压谐波 6 h 统计图，与文献[92]中的分析结果相一致（在柱状图中，根据 IEC 标准，95%的测量值显示为斜线，最大值显示为交叉线）。

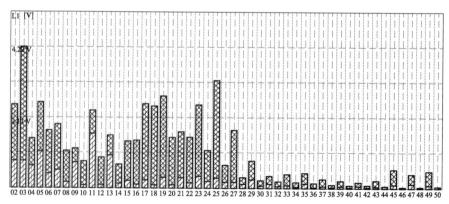

图 2.4　电压谐波 6 h 统计图（6:30—12:30）

（3）不同工况下的基波相角变化：动车组在运行中，一般分为牵引、惰行、再生制动等工况，统计分析结果表明，基波相角在再生制动工况时，一般落在第 2 象限；牵引工况时，基波相角随电流的增大过渡到第 1 象限，并逐渐接近 0°[93]。图 2.5 对比了牵引、再生制动工况下电压、电流波形。

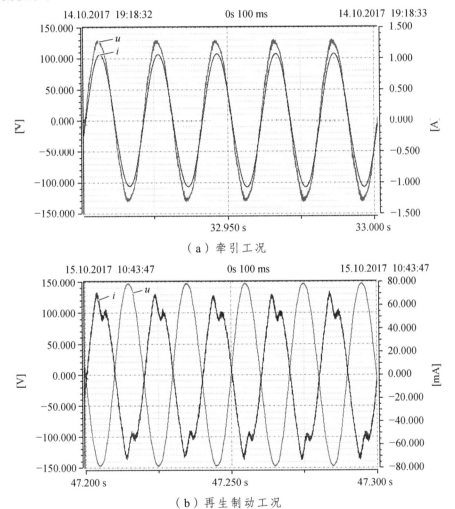

（a）牵引工况

（b）再生制动工况

图 2.5　牵引、再生制动工况下的电压、电流波形

注：1. 仪器测量电压变比为 275，电流变比为 2 000；
　　2. 请扫描本章末二维码获取彩图。

（4）不同工况下的谐波：动车组在再生制动工况下产生的谐波比牵引工况时的大，在牵引供电系统会引起较大的谐波畸变。再生制动工况下谐波含量明显增加，电流波形存在缺口，电流畸变严重，如图2.5（b）所示。波形缺口的出现是因为动车组整流器的换向过程存在短暂的相间短路现象，导致网侧波形出现缺口。图2.6对比了牵引工况、再生制动工况下的电流谐波含有率。柱状图中基波1.0 p.u.，其他为直流分量及各次谐波，数值为相对于基波的比值。

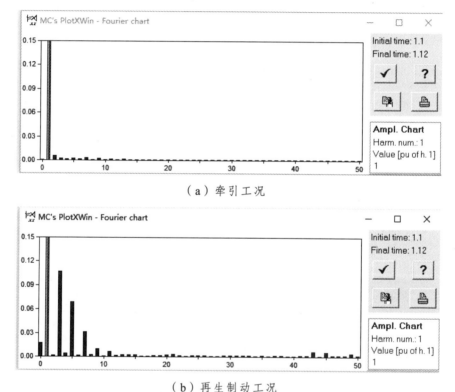

（a）牵引工况

（b）再生制动工况

图2.6　牵引、再生制动工况下的谐波含有率

（5）录波波形分析：依据暂态过电压的成因并结合供电臂负荷曲线及现场调度作业记录等对现场采录波形进行分析，现场采录波形多为动车组运行过程中的一些暂态过程（过分相、弓网离线）引起的暂态响应（下文详细分析），还有接触网隔离开关操作引起的暂态响应以及动车组

在牵引、再生制动工况下由整流器件产生的电压畸变。

2.3 牵引供电系统短路故障

电气化铁路沿线环境复杂，工作条件恶劣，短路故障时有发生，牵引供电系统发生跳闸的次数较多。牵引供电系统的短路故障主要有金属性短路故障和高阻短路故障。树障、导线坠地等非金属性短路故障时，过渡电阻较高，为弱故障模式，在该过渡电阻下，故障特征会减弱，导致继电保护拒动[4]。另外，全并联 AT 供电方式下的断线接地故障（一侧接地，另一侧悬空）[94, 95]也属于一种高阻短路故障。

2.3.1 短路故障仿真

牵引供电系统的数学模型是对牵引供电物理过程的数学描述，是分析牵引供电系统暂态问题的基础。本书以高速铁路中广泛采用的全并联 AT 牵引供电系统为研究对象，采用国际公认的电磁暂态仿真软件 ATP-EMTP 建立仿真模型，进行各种短路故障计算。

我国高速铁路采用图 2.7 所示的 AT 供电方式对动车组牵引供电，相对于其他的供电方式，AT 供电方式具有更大的供电潜力、更好的防通信干扰效果，被广泛应用于高速、重载铁路[96]。牵引变电所（Traction Substation，TS）主变压器二次侧±27.5 kV 两端子分别接于接触线和正馈线，二次侧线圈中间抽头接于钢轨。每隔 10～15 km，将自耦变压器并入接触线和正馈线之间，自耦变压器中间抽头与钢轨相连接，在 AT 处通过横连线将上下行线路进行并联连接，实现上下行接触网的并联运行[96]。正常运行情况下，牵引变电所向上、下行接触网并行供电，供电臂长 30~50 km，中间设置 1~2 个 AT，将供电臂分为 2~3 段，牵引变电所可不设置 AT，供电臂末端分区所设置 1 个 AT。

接触网的悬挂断面如图 2.8 所示。由上下行接触线 CW、承力索 MW、正馈线 PF、保护线 PW、钢轨 R、综合接地线 CGW 构成。各导线参数见附录 A 表 A1（其中钢轨的导线等效半径采用文献[97, 98]基于有限元的分析结果）。本文基于平行多导线的参数计算方法[99]，将承力索和接触线建模为一根二分裂导线，左右两根钢轨也建模为一根二分裂导线，保护线、综合接地线建模为地线，合并分裂导线并消去地线后，上下行线路等效为一六相等值相导线，等值相导线的阻抗矩阵和电容矩阵见附录 A 式（A1）、（A2）。考虑到牵引供电线路参数的频变特性[98, 100]，为使暂态计算的模拟结果更准确，使用频率相关的 JMarti 分布参数线路模型来描述[83]。

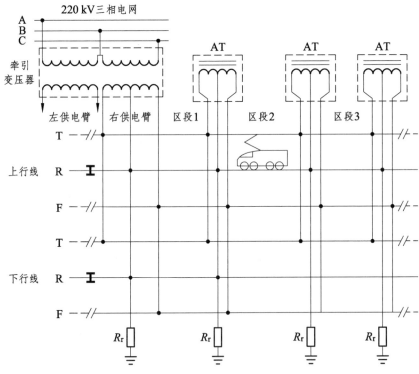

图 2.7　全并联 AT 牵引供电系统示意图

牵引变压器、自耦变压器采用电磁暂态仿真软件 ATP-EMTP 中常用的一种变压器模型（BCTRAN）[101]，所需原始数据为变压器的空载和短路试验数据，仿真软件中的子程序将原始数据转换为仿真计算所需的矩阵。

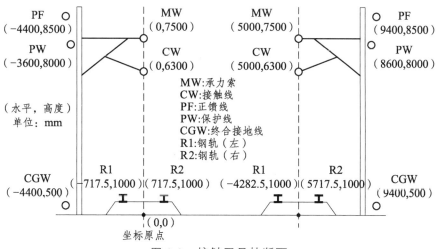

图 2.8 接触网悬挂断面

2.3.2 仿真计算数据与实测数据的对比

本书按照实施短路试验的供电臂结构和电气参数构建仿真模型进行短路故障计算,仿真模型见附录 A 图 A1。仿真电路中,TT 为牵引变压器,AT1、AT2 为分别为 AT 所、末端分区所的自耦变压器,L1A、L1B 为牵引变电所至 AT 所的两段线路,L2 为 AT 所至分区所的线路,故障点设置于牵引变电所至 AT 所之间。进行短路试验的牵引变电所上行供电臂总长 25.863 km,中间设置 1 个 AT,将供电臂分为 2 段,变电所上网点至 AT 所长为 14.337 km,AT 所至分区所长为 11.526 km。另外,牵引变电所至上网点供电线长为 2.516 km。接触网导线参数见附录 A 表 A1。牵引变压器的额定电压 220/2×27.5 kV,额定容量 40 MV·A,空载损耗 31.899 kW,负载损耗 121.305 kW,空载电流 0.31%,短路电压 10.58%。AT 自耦变压器的额定容量 10 MV·A,空载损耗 5.0 kW,负载损耗 23.0 kW,空载电流 0.45%,短路电压 0.59%。

在全并联 AT 供电模式下,设置故障位置为上行接触网 13.1 km 处,故障类型为 T-N 短路,故障阻抗 1 Ω,故障角-90°,波形如图 2.9 所示。

牵引变电所短路试验(时间:2019.10.24),供电方式为全并联 AT 供电,其故障位置也设置为上行接触线 13.16 km,故障类型为 T-N 短路,实际测量波形如图 2.10 所示。

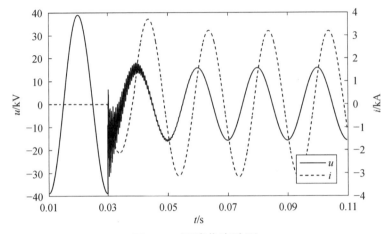

图 2.9 短路仿真波形

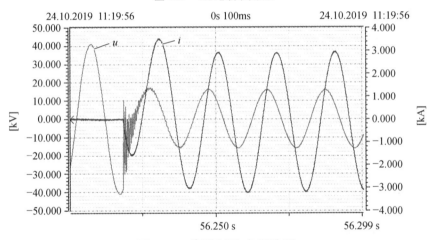

图 2.10 短路试验实测波形

注：请扫描本章末二维码获取彩图。

将仿真数据和现场实测数据进行对比，可见仿真数据与实测数据基本吻合，满足工程需要，对比结果验证了该仿真模型能够准确地进行各种短路故障计算。

2.4 雷电过电压

接触网的架设高度通常大于铁路沿线邻近的构、建筑物，输电品质及接触网本身结构安全性都容易受到附近发生的雷电影响，造成绝缘子闪络烧伤，引起跳闸停电。研究表明[34, 35]，雷击是造成牵引供电线路跳闸的主要原因，是铁路安全运行的隐患。

2.4.1　接触网的雷电过电压产生机理

雷电可以有多种方式在接触网导线上产生过电压行波，其产生途径主要有 3 种：① 感应过电压。当雷电击中电气化铁路附近的地面时，在电磁耦合作用下在接触网上产生的感应过电压。② 雷击接地部分产生的过电压。当雷电直接击中接触网的接地部分时，如支柱顶部、AT 供电方式下的保护线等，雷电流通过导线电感、接地电阻产生的过电压，其与电力系统反击过电压的产生机理相同。③ 雷击高压部分产生的过电压。当雷电直接击中接触网的高压部分时，如接触线或承力索（采用 AT 供电方式时还包括正馈线）与电力系统的绕击过电压的产生机理相同[36]。以上几种方式中，感应过电压造成的绝缘故障不多，而直击雷（反击、绕击）引起的绝缘故障跳闸率较高。

直击雷中，反击、绕击的过程和机理有所不同。当雷电直接击中接触网的接地部分时，雷电流大部分沿支柱流入大地，使支柱的电位陡升，当加在接触网绝缘子上的电压超过其闪络冲击电压时，引起绝缘子闪络。这里存在支柱电位升高和绝缘击穿两个过程。支柱电位升高过程中，绝缘子未击穿，接触网高压线路在电磁耦合的作用下，将耦合出一个电流行波，此时接触网线路中没有雷电流；当支柱电位上升引起绝缘子击穿后，雷电流注入接触网线路，呈现接地故障特征。

当雷电直接击中接触网的高压部分时，由于大量雷电流的注入，导线对地电压陡升。当加在接触网绝缘子上的电压超过其闪络冲击电压时，引起绝缘子闪络，导线通过支柱对地放电，同样呈现接地故障特征。发生绕击时，雷电流直接作用于导线，绕击时导线的电流行波全部为雷电流分量，但没有类似反击时的电磁耦合电流。

不同的雷击类型的过程以及机理是不同的，所采取的防护措施也应不同，反击主要与线路绝缘水平、支柱的接地电阻有关；而绕击与保护角、线路架设高度等有关。只有对接触网线路的反击、绕击进行有效的识别，才能给线路防雷工作提供正确的指导，找出线路防雷的薄弱环节。

雷击是否引起绝缘子闪络，对牵引供电线路正常运行的影响是不同的。雷击接触网导线或支柱顶时，如果雷电流足够大，引起绝缘子闪络，呈现接地故障特征，从保护线路的角度，此时保护应该马上动作跳开线路，避免形成永久性故障；而雷电流较小时，不会造成绝缘子闪络，对线路的正常运行不会造成破坏，此时保护不应该动作。前者称为故障性雷击，后者称为非故障性雷击。要提高线路保护的抗雷电干扰能力，有必要将非故障性雷击与故障性雷击区分开来。

2.4.2　雷击接触网的电磁暂态仿真

本书仍以高速铁路中广泛采用的全并联 AT 牵引供电系统为对象，在 ATP-EMTP 电磁暂态仿真平台上搭建仿真模型，对接触网的雷击暂态过程进行仿真计算。仿真模型见附录 A 图 A2。

1. 线路和支柱仿真模型

接触网线路模型与 2.3.1 节所述一致，使用频率相关的 JMarti 线路模型描述，将承力索和接触线建模为一根二分裂导线，左右两根钢轨也建模为一根二分裂导线，保护线、综合接地线建模为地线。合并分裂导线并消去地线后，上下行线路等效为六相等值相导线。

对于雷击点附近的接触网线路，为考虑保护线 PW 的影响，雷击点附近的线路模型中 PW 线不做消去处理，线路等效为八相等值相导线。在雷击点两侧分别设置 4 个支柱，支柱档距 50 m。

对于接触网支柱，考虑到接触网支柱高度一般不到 10 m，略去雷电通道波阻抗的影响，仿真中采用集中参数等值电路进行分析计算，如图 2.11 所示。将接触网支柱视为一个与接地电阻串联的集中参数电感，仿真时冲击接地电阻 R_g 取 5~15 Ω；支柱的等值电感 L_t 为 0.84 μH/m；支柱两侧相邻档 PW 线的电感并联值 L_g（μH），取为 $0.67l$[102]；l 为支柱档距长度，一般为 50 m。

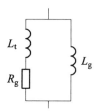

图 2.11　雷击支柱的等值电路

2. 绝缘子闪络模型

线路绝缘子的闪络判据采用先导发展模型法[103]，将先导发展速度作为先导长度、电压的函数，模拟先导发展的过程，当先导长度超过设定的间隙长度时判定闪络发生，先导发展速度的计算式如下：

$$v = ku(t)\left(\frac{u(t)}{d-x} - E_0\right) \qquad (2.1)$$

式中　v —— 先导发展速度，m/s；

　　　$u(t)$—— 间隙上的电压，kV；

　　　x —— 先导长度，m；

　　　E_0—— 最小击穿场强，kV/m；

　　　k —— 常数，取$(0.8 \sim 1.3) \times 10^{-6}$；

　　　d —— 间隙长度，m，取 0.5 m。

仿真中利用 ATP-EMTP 的自定义元件 MODELS 实现。

3. 自耦变压器仿真模型

在雷电过电压计算中，还需要考虑波在变压器绕组间的传递，在绕组间跨接适当电容。文献[104]针对中低压配电网雷电过电压的计算，分析了几种变压器的高频模型，得出 π 电容+BCTRAN 的模型更为精确，其频率响应特性与实验室测试结果基本吻合，可以精确地模拟高频下的变压器。针对雷电过电压的计算，考虑电容特性的自耦变压器电磁暂态模型如图 2.12 所示，图中 BCT 为 EMTP 电磁暂态仿真软件中常用的一种变压器模型——阻抗矩阵模型（BCTRAN）[101]，P、S 分别为高压、中压绕组端子，N 为公共端。π 电容 C_1、C_2、C_{12} 采用 EMTP 推荐的典型值 0.005 μF、0.01 μF、0.01 μF。

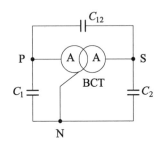

图 2.12　考虑电容的自耦变压器电磁暂态模型

4. 雷电流模型

雷电流使用 ATP-EMTP 中的 Heilder 函数，雷电流波形采用 2.6/50 μs，雷电通道波阻抗取 300 Ω。

2.4.3　雷击暂态信号特征分析

由于雷击部位以及雷电流强度的不同，雷电过电压产生的物理过程不同，造成接触网的雷电过电压有所差异。本书基于所建立的仿真模型，根据雷击部位以及绝缘子是否闪络，分别对绕击未闪络、绕击闪络、反击未闪络、反击闪络等四种类型进行仿真，仿真波形见附录 C。

对比非故障性雷击和故障性雷击的波形：

（1）雷击没有造成故障时，工频量基本不会发生变化，雷击引起的暂态在线路中不断折反射，发生损耗，最终衰减为零，呈现高频振荡衰减的特征。

（2）故障性雷击在刚开始时雷电流起主要作用，高频含量很丰富；随后呈现接地故障的特征。

在接触网的雷电过电压中，反击、绕击造成绝缘子串击穿跳闸率较高，为了对故障性雷击下绕击和反击故障暂态信号有更深入的认识，本书基于所建立的仿真模型，对传递到变电所量测点的信号应用小波包分解进行时频特征分析。

图 2.13 所示为绕击和反击故障暂态信号的波形图，雷击点分别位于区段 1、3 的中点所产生的过电压。主要考查故障后较短时间（如 2 ms）内的波形，从反击和绕击过电压的波形来看：

（1）波形整体变化趋势基本一致，均包含有大量不同频率的分量，从波形图上很难直观地判断雷击类型。

（2）对比相近雷击点处产生的反击和绕击波形，绕击时的幅值较大，这是因为绕击发生时，雷电流直接作用于导线，而反击时绝缘了木被击穿前，有部分雷电流沿支柱入地。

（3）对比雷击点处于不同区段的反击和绕击波形，距离变电所远的波形幅值相对较低，这是由于信号沿线衰减所致。

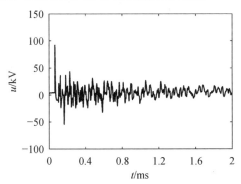

（a）反击过电压（雷击点位于区段 1）

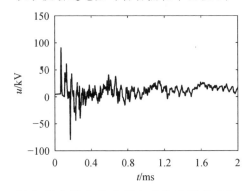

（b）反击过电压（雷击点位于区段 3）

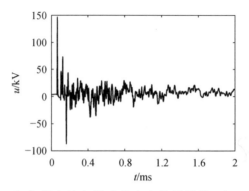

（c）绕击过电压（雷击点位于区段 1）

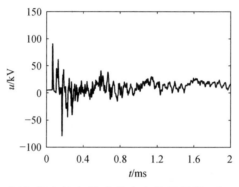

（d）绕击过电压（雷击点位于区段 3）

图 2.13　反击和绕击故障波形

图 2.14 为对图 2.13 所示波形进行小波包分解所得小波能量谱。绘图波形输出步长 1 μs，相当于采样率 f_s =1 MHz，4 层小波包分解，则整个频带（0~f_s/2）空间被划分为 16 段，每个频带宽度为（f_s/2 ）/2^4=31.25 kHz。考虑到绕击和反击过电压的能量分布差异主要表现在高频段，因此选择频带 9~15 分析，频带 16 的能量很小，可忽略。

从图 2.14 中雷电暂态信号不同频带能量分布来看，反击时较低频带的能量占比比绕击时的大，距离变电所远的暂态信号高频带的占比相对距离近的要低。各频带能量分布不仅与雷击类型有关，还与雷击点位置、雷电流、支柱接地电阻等相关，受多方面的因素影响，从频带能量分布中提取出可分性特征存在较大难度，分类识别的效果欠佳。因此，针对绕击和反击的识别，其关键在于提取完整表征绕击、反击信息的特征，获取雷电暂态信号的深层可分性特征。

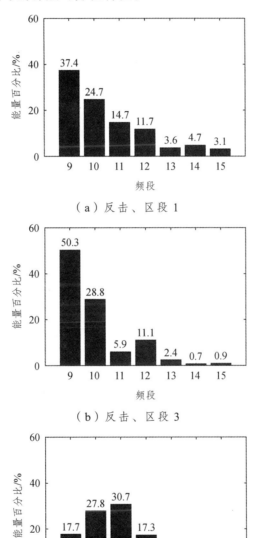

（a）反击、区段 1

（b）反击、区段 3

（c）绕击、区段 1

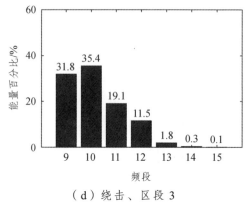

（d）绕击、区段 3

图 2.14　小波能量谱

注：请扫描本章末二维码获取彩图。

2.5　弓网离线过电压

动车组在行驶过程中，受弓网振动、线路不平顺等因素的影响，弓网之间将发生分离，并产生弓网电弧，造成瞬态过电压。

2.5.1　弓网离线过电压产生机理

弓网系统是供给动车组电能的唯一途径，动车组通过受电弓与接触线的滑动接触取得电能。当受电弓的滑板与接触线可靠接触时，动车组可以获取稳定的电流。在弓网高速滑动受流中，弓网的相互振动，接触线的弹性变化及受电弓滑过不规则地方（如接触线的定位线夹、中心锚结线夹等处的硬点）时，会导致弓网接触压力波动加剧，压力过小或趋近零值时，则使受电弓与接触线之间接触不良，造成离线。在低速线路上，由于受电弓滑板与接触线接触较平稳，通常可以得到正常受流。而在高速线路上，弓网振动加剧，弓网离线发生率会大幅上升。

弓网分离时电弧反复熄灭和重燃在接触线上产生的暂态过程非常复杂，如图 2.15 所示。在弓网离线过程中，受电弓和接触线之间会产生电弧和火花，动车和牵引线路之间通过电弧相连，受电弓和接触线依然保持电气连接。如果弓网距离增大，电流减小，不能维持电弧等离子通道，电弧熄灭，或是电弧被车体运行所产生的强气流吹散，线路中电流瞬间截断，这个过程与瞬间切断开关类似，导致接触线上产生过电压。

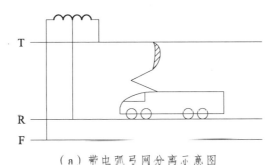

（a）带电弧弓网分离示意图

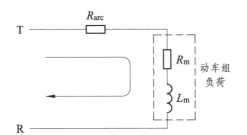

（b）带电弧弓网分离情况牵引网等效电路

图 2.15　带电弧弓网分离

2.5.2　弓网离线电弧建模

在动车高速行驶过程中，因各种原因导致受电弓滑板与接触线整体部分分离，在两者之间的接触区域分离前的瞬间，相互接触面积很小，形成高电流密度，温度迅速升至材料沸点引起爆炸，导致周围气体放电，并发出弧光，即弓网电弧。列车速度、取流量和弓网接触压力等都对弓网电弧有影响。动车速度提高，车顶气流流速变大，吹弧作用更强。在相同接触压力下，取流量越大，离线时所产生的电弧也越严重。

为了定量分析弓网离线时在牵引供电系统中产生的过电压，有必要针对弓网电弧的产生机理建立数值仿真模型。电弧模型可分为物理模型、参数模型和黑盒模型[99]。物理模型，依据流体动力学方程描述；参数模型，由一些复杂的函数组成，可以描述某些特定情况下的电弧特征；黑盒模型，比较成熟的有基于能量守恒方程的 Mayr 电弧模型和 Cassie 电弧模型，以及后续研究人员在此基础上提出的 Browne[105]、Habedank、Schwarz、KEMA 模型[3, 106]。考虑到电弧产生和维持的复杂物理过程与能量耗散的方式同等离子体特性有关，故广泛采用黑盒电弧模型来模拟电弧，如高压断路器[3]中的电弧和弓网系统[10, 13]中的电弧。

  理论和实践表明，电弧电压、电流之间的关系是高度非线性的。电弧未燃烧时，不导电气体的电阻很高，呈高阻状态；随着气体的击穿，在电弧的持续燃烧阶段，呈负阻状态，电弧电压为相对稳定的值；当电弧提供的能量不足时，呈正阻状态，电弧稳定性减弱，快速熄灭。Cassie 电弧模型适合于描述电流较大时电弧的行为，Mayr 电弧模型对零电流和小电流区域更为有效[106]。为了较为有效地反映实际弓网电弧的动态特征，将两个模型综合起来模拟电弧，建立 Mayr-Cassie 组合模型。同时，以电流为变量建立一个过渡函数 $\xi(i)$ 用以连接两个模型。Mayr 模型和 Cassie 模型的方程式分别为

$$\frac{\mathrm{d}g_{\mathrm{m}}}{\mathrm{d}t} = \frac{1}{\tau_{\mathrm{m}}}\left(\frac{i^2}{P_0} - g_{\mathrm{m}}\right) \tag{2.2}$$

$$\frac{\mathrm{d}g_{\mathrm{c}}}{\mathrm{d}t} = \frac{1}{\tau_{\mathrm{c}}}\left(\frac{ui}{E_0^2} - g_{\mathrm{c}}\right) \tag{2.3}$$

式中　g_{m}——由 Mayr 方程描述的电导；

　　　g_{c}——由 Cassie 方程描述的电导；

　　　u——电弧电压；

　　　i——电弧电流；

　　　τ_{c}——Cassie 电弧的时间常数；

　　　τ_{m}——Mayr 电弧的时间常数；

　　　E_0——Cassie 电弧的电压常数；

　　　P_0——电弧耗散功率常数。

为了实现式（2.2）与（2.3）之间的平滑过渡，定义过渡系数 $\xi(i)$，该过渡系数是电弧电流的函数，令其以式（2.4）的形式连接两个模型。

$$g = [1-\xi(i)]g_m + \xi(i)g_c \qquad (2.4)$$

式中　g——电弧电导；

　　　g_m，g_c——（2.1）和（2.2）给出的电导；

过渡系数 $\xi(i) \in [0,1]$。当电弧电流增加时，过渡系数应为单调递减函数。在本模型中，采用过渡函数如下·

$$\xi(i) = \exp\left(-\frac{i^2}{I_0^2}\right) \qquad (2.5)$$

式中　I_0——过渡电流。

由式（2.4）知，随着电弧电流 i 接近于零点，ξ 可以忽略不计，g 主要由 Mayr 电导 g_m 控制。当电弧电流 i 增大时，ξ 的值快速趋近于 1，此时，g 主要由 Cassie 电导 g_c 控制。因此，综合式（2.1）~式（2.4），完整的模型如下所示：

$$g = G_{min} + [1-\xi(i)]\frac{i^2}{P_0} + \xi(i)\frac{u \cdot i}{E_0^2} - \tau\frac{dg}{dt} \qquad (2.6)$$

式中　G_{min}——考虑到在没有电弧的情况下，电极之间存在一个有限但
　　　　　　　非常小的电导。

将式（2.6）转换为以下增量形式：

$$\frac{G_2 - G_1}{t_2 - t_1} = \frac{1}{\tau}\left\{G_{min} + [1-\xi(i)]\frac{i^2}{P_0} + \xi(i)\frac{u \cdot i}{E_0^2} - G_1\right\} \qquad (2.7)$$

由此，推导出计算各时步电导的递推公式

$$G_2 = G_1 + \frac{\Delta t}{\tau}\left\{G_{min} + [1-\xi(i)]\frac{i^2}{P_0} + \xi(i)\frac{u \cdot i}{E_0^2} - G_1\right\} \qquad (2.8)$$

在此公式中，G_1、G_2 分别为前一时步、当前时步的电导值。在最一

般的形式下，τ 应该是电弧电流 i 的函数。这是因为，当电弧起燃或熄灭时，单位体积的能量存储将比单位体积的能量损失大。然而，当电弧稳定时，τ 会变小。因此，电弧时间函数 τ 采用以下形式描述：

$$\tau = \tau_0 + \tau_1 \cdot e^{-\alpha|i|} \tag{2.9}$$

式中，$\alpha > 0$，$\tau_1 \gg \tau_0$。当电弧起燃和熄灭时，电流 i 小，$\tau \approx \tau_1$。电流 i 大的时候，$\tau \approx \tau_0$。

通过反复分析交流高气流电弧的切换过程，Kapetanonic M 得出结论，耗散功率 P_0 依赖于电导和弧长，P_0 与电弧电导的关系可以用指数函数表示。此外，P_0 也与电弧等效长度 L_{arc} 有关[13]。电弧耗散功率可以扩展为

$$P_0 = kg^\beta L_{arc}^n \tag{2.10}$$

式中　k——释电系数；

　　　β——电弧耗散功率因子；

　　　n——弧长的指数。

弓网电弧燃弧阶段的弧长由动车运行速度确定，依据现场运行实测数据[13]，得到不同动车运行速度下的弓网最大离线距离，通过最小二乘多项式法拟合，表示为

$$d_{max} = 1.535 \times 10^{-4} v^2 - 0.050\,5v + 5.842 \tag{2.11}$$

考虑最严重情况，电弧弧柱长度 L_{arc} 可近似认为等于弓网最大离线距离 d_{max}。当车速 $v = 300\ \text{km/h}$，对应的 $L_{arc} \approx 5\ \text{cm}$。

基于上述公式，本书利用 ATP-EMTP 中的 MODELS 模块建立弓网离线电弧模型，集成为一个双端非线性电阻，并在附录 B 中给出了 MODELS 代码。图 2.16 所示为 ATP-EMTP 中的弓网电弧仿真模型，图中的 R_{arc} 为 TACS 控制的非线性电阻，模拟电弧电阻；PC_ARC 为 MODELS 模块，输入节点为电弧电流，输出节点为电弧电阻；M 为测

量开关，测量电弧电流；TACS 信号源 ⓣ，将测量开关 M 中的电流转换为 TACS 信号。

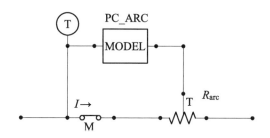

图 2.16　ATP-EMTP 中的弓网电弧仿真模型

2.5.3　弓网离线过电压的电磁暂态仿真分析

为了便于解析弓网离线电弧对牵引供电系统的影响，本书以全并联 AT 牵引供电系统为研究对象，在 ATP-EMTP 电磁暂态仿真软件上建立弓网离线的仿真电路模型，如附录 A 图 A3 所示，仿真电路中供电臂结构与 2.3 节所述短路故障仿真电路相同。由建立的电路，分析弓网离线时在接触线所产生的过电压。

弓网离线过程中，动车组牵引系统仍然处于工作状态，为简化起见，将动车组负荷等效为感性负载。动车组的技术参数：交-直-交传动，整车功率容量 20.8 MW，功率因数 0.89。等效为电阻、电感结合的负载，等效电阻 R_m、电感 L_m 的计算见附录 A 式（A3）~（A5）。

牵引变压器为武广高铁某变电所在用主变压器，其额定数据：额定电压 220/2×27.5 kV，额定容量 50 MV·A，空载损耗 31.899 kW，负载损耗 146.488 kW，空载电流 0.23%，短路电压 16.48%。等值电阻、电抗计算见附录 A。

弓网离线电弧模型的参数：I_0=10 A，E_0=3 000 V，k=8×10⁶，β=0.5，α=10，τ_0=9 μs，τ_1=0.1 ms，L_{arc}=5 cm。

动车组在高速行驶过程中，弓网发生离线的位置是随机的，离线的位置可能是在牵引变电所与 AT 所之间，也可能在 AT 所与分区所之间。

图 2.17 表示离线燃弧位置位于牵引变电所至 AT 所之间，距离牵引变电所 6 km 处，电弧对接触线电压、谐波特性的影响（离线时刻设置为 10 ms，由开关 S1 控制离线时刻）。u_{arc} 为电弧电压、u_{T1} 为牵引变电所出口处监测到的上行接触线电压。

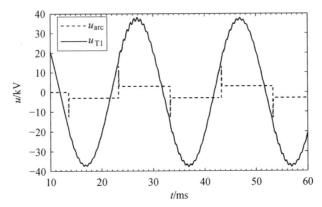

（a）仿真计算的电弧电压、接触线电压

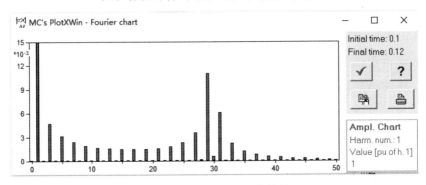

（b）接触线电压的谐波特性

图 2.17　电弧对接触线电压、谐波特性的影响

注：请扫描本章末二维码获取彩图。

从图 2.17 中可看出，电弧起燃发生在 13 ms 处，此刻电弧电压出现较强的瞬态冲击，接触线电压出现高频波动，之后减弱。电弧熄灭之后的重燃发生在 23 ms、33 ms……间隔为工频周期的一半。同样地，电弧电压出现冲击，接触线电压出现高频振荡。显然，电弧点燃是造成接触线电压高频波动的主要原因。谐波特性上，高次谐波中 29 次谐波增加较

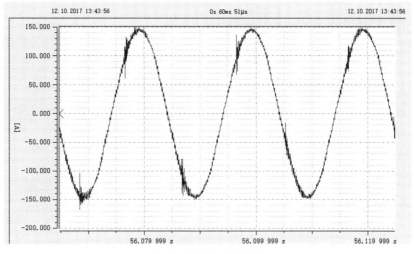

为明显，含有率最高。

仿真结果表明，弓网离线时，交流电弧在起燃、稳定燃烧、熄灭等阶段切换。电弧电压在起燃时出现较大冲击，之后稳定燃烧，电压维持在较低水平，交流电流过零时熄灭，之后重燃。电弧点燃是造成接触线电压的高频波动的主要原因。图 2.17 的电弧动态曲线与文献[10]中电弧电气特性曲线基本一致，可以验证所建弓网离线电弧模型的正确性。

2.5.4 实测数据的对比与验证

实测录波装置于武广高铁某牵引变电所采集到多次接触网过电压波形。图 2.18 所示为一次典型的弓网离线过电压，实测电压波形的高频振荡与图 2.17 中的仿真结果一致，每半周出现一次；谐波特性上，高次谐波中 29 次谐波含有率最大，与图 2.17 所示仿真结果一致。低次谐波的分布主要来源于动车组负荷。从实测记录的负荷曲线上看，该时刻记录的电流 RMS 有效值波动，说明动车组和接触线保持着电气连接，动车组牵引系统处于工作状态。总的来说，实测电压波形与图 2.17 仿真结果的电气特性具有高度的相似性。

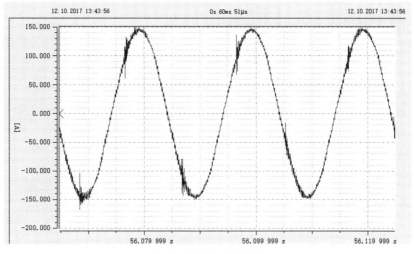

（a）实测电压波形

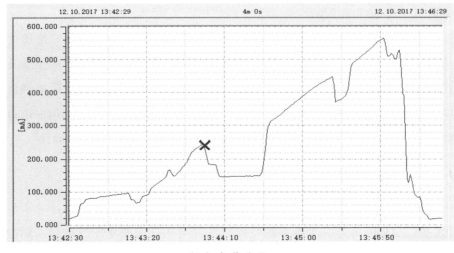

（b）负荷曲线

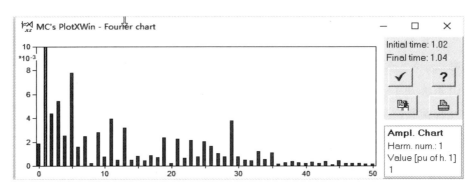

（c）谐波特性

图 2.18 典型的弓网离线过电压

注：仪器测量电压变比为 275。

2.6 过分相

　　为改善三相不平衡问题，牵引供电系统多采用分相分段供电，变电所与变电所之间的接触网中设置无电区段实现相邻供电臂的电气隔离，称为分相区（中性线）。图 2.19 所示为高速铁路过分相示意图。高速动车组进入分相区前，停止牵引，断开主断路器，动车组依靠惯性在无牵引、无网压的状态下通过分相区，驶出分相区后，再牵引行驶。动车组在经过电分相时，会产生较强的过电压、冲击涌流等暂态过程。

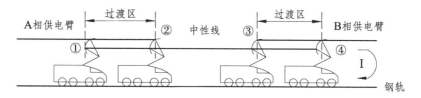

图 2.19　高速铁路过分相过程示意图

2.6.1　过分相过电压产生机理

动车组在通过相邻供电臂之间的电分相时，受电弓在不同位置与接触网的接触导线、中性线发生接触和分离，如图 2.19 所示，经历"有电-无电-有电"的过程，在此期间，线路拓扑结构发生变化，会产生四次暂态过程，具体的过程如下。

（1）与中性线跨接（位置①）：受电弓跨接 A 相供电臂接触线与中性线，A 相供电臂回路接入中性线负载，形成第一次暂态过程。

（2）与 A 相供电臂分离（位置②）：受电弓滑过过渡区后，与 A 相供电臂分离，此时相当于切除 A 相供电臂回路的负载，能量在 A 相供电线路中振荡形成第二次暂态过程。

（3）与 B 相供电臂跨接（位置③）：受电弓跨接 B 相供电臂接触线与中性线，相当于 B 相供电臂接入负载，形成第三次暂态过程。

（4）与中性线分离（位置④）：受电弓与中性线分离，转换为 B 相供电臂供电，切除中性线，形成第四次暂态过程。

四次暂态过程中，过程（1）、（2）之间间隔时间相当短，过程（3）、（4）之间也是如此，现场录波数据中仅能观测到两次明显的暂态过电压。在过分相电磁暂态过程的研究方面，已有相关研究成果，文献[5-7]通过建立各个暂态过程的等效电气模型，仿真分析了动车组过分相过电压。

2.6.2　车载牵引变压器励磁涌流产生机理

在动车组离开中性段后车载主断路器闭合，车载牵引变压器空载投入，而变压器在空载下供电，可能产生励磁涌流。

动车组主电路如图 2.20 所示[8]，主要由断路器、牵引变压器、牵引变流器（包括整流器、中间直流环节、逆变器）和电机组成。动车组大多采用车载式自动过分相装置。车载牵引变压器励磁涌流发生在动车组断路器合闸时，合闸前整流器关闭，电机再生制动发出的电能经逆变器整流后，只为动车组辅助用电设备供电[8]。动车组在合闸后的一段时间内仍处于无牵引状态，直到检测到电压处于合理范围内，才施加牵引力。

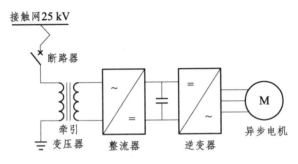

图 2.20　动车组主电路

假设过分相前接触网电压为 $u_1(t)=U_m\sin(\omega t+\theta_1)$，由 $u(t)=N\mathrm{d}\Phi/\mathrm{d}t$，得变压器主磁通 Φ_1：

$$\Phi_1 = \int \frac{u_1}{N}\mathrm{d}t = \frac{U_m}{\omega N}\sin(\omega t+\theta_1-90°)+C_1 \qquad （2.12）$$

式中　C_1——衰减的非周期分量。

设断路器闭合时接触网电压为 $u_2(t)=U_m\sin(\omega t+\theta_2)$，此时，变压器主磁通 Φ_2 为

$$\Phi_2 = \int \frac{u_2}{N}\mathrm{d}t = \frac{U_m}{\omega N}\sin(\omega t+\theta_2-90°)+C_2 \qquad （2.13）$$

根据铁心磁通不能突变的特性，得到空载合闸时铁心中的磁通为

$$\Phi_2 = \frac{U_m}{\omega N}\sin(\omega t + \theta_2 - 90°) + \frac{U_m}{\omega N}\theta_2 - \frac{U_m}{\omega N}\theta_1 + C_1 \qquad (2.14)$$

式中，第一项为稳态磁通，后三项为暂态磁通。不难看出 $\theta_1=0°$，$t=\pi/\omega$ 时，铁心中的磁通达到最大值。通常情况下，变压器工作于接近饱和区的位置，这将使铁心高度饱和，引发励磁涌流。励磁涌流含有非平稳波峰及大量的非周期分量，且波形之间存在间断，其波形与正弦波存在较大差距。

2.6.3　变压器励磁涌流模型构建与仿真

本书在 ATP-EMTP 电磁暂态仿真平台上建立车载牵引变压器励磁涌流仿真模型，如图 2.21 所示。

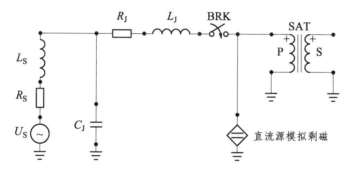

图 2.21　车载牵引变压器励磁涌流仿真模型

接触网电压 27.5 kV，车载牵引变压器容量 3 885 kV·A，变比 25 kV/1 658 V，一次侧短路阻抗 0.361 7 p.u.，非线性励磁特性[0，0；0.02，1.2；0.05，1.55]。仿真中采用饱和变压器 SAT 模型对车载牵引变压器建模，SAT 模型中包含非线性励磁支路，用直流电流源来模拟变压器剩磁。模型中其他参数：接触网电源电感 L_S=15.9 mH，接触网电源内阻 R_S=0.91 Ω，接触网对地电容 C_J=0.121 μF，接触网电感 L_J=14.8 mH，接触网电阻 R_J=2.22 Ω。

仿真中变压器剩磁采用在变压器一次侧注入直流电流的方式模拟，剩磁为 0.5 p.u.，合闸角为 0°（开关 BRK 于 0.17 s 动作）时的仿真波形如图 2.22 所示。合闸后，在第一个周期内其电流达到最大值 380 A，励磁电流波形之间存在间断，呈现明显的尖顶波，且偏向于时间轴一侧，含有很大的非周期分量和各次谐波分量，非周期分量随时间衰减。

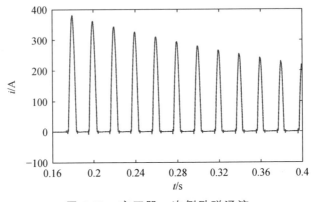

图 2.22　变压器一次侧励磁涌流

图 2.23 所示为对励磁涌流进行快速傅里叶变换（FFT）得到的励磁涌流谐波含量图。图 2.24 所示为非周期分量和各次谐波分量在断路器动作后 0.4 s 内随时间的变化趋势。由图中可以看出，各次谐波中以二三次谐波为主，二次谐波含量较高，三四五次谐波相对较低，并且随着时间的推移，非周期分量逐渐衰减，各次谐波含量均有增加，其中二次谐波在合闸后的一段时间内超过基波分量的 50%。

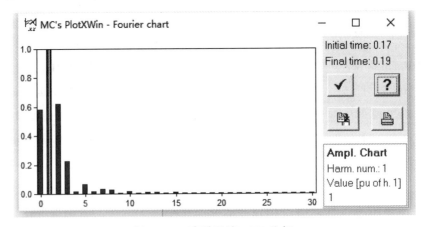

图 2.23　励磁涌流 FFT 分析

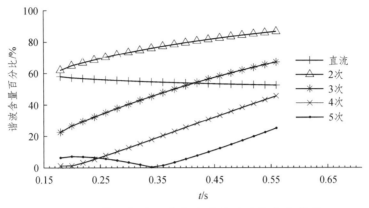

图 2.24　非周期分量和各次谐波分量的变化趋势

2.6.4　实测波形特征分析

1. 动车组离开供电臂

实测录波装置于武广高铁某牵引变电所采集到动车组离开供电臂时的馈线电压、电流波形，如图 2.25 所示。馈线瞬时过电压幅值达到 49.5 kV，电流很小，有大量的杂波，从图 2.25（b）实测记录的负荷曲线上看，该时刻记录的电流 RMS 有效值由 1 kA 降至 8 A，接近线路无动车组运行时的空载电流，说明此时动车组上的主断路器断开，动车组与该

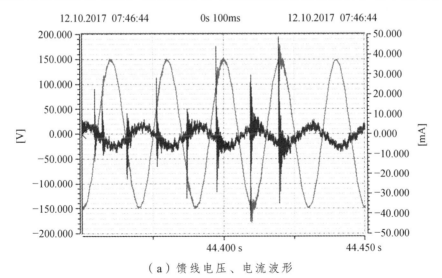

（a）馈线电压、电流波形

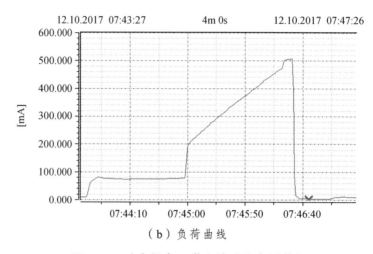

（b）负荷曲线

图 2.25　动车组离开供电臂时的实测数据

注：1. 仪器测量电压变比为 275，电流变比为 2 000；
　　2. 请扫描本章末二维码获取彩图。

供电臂分离，线路上无动车组运行。显然，所观测到的录波数据为动车组过分相暂态过程（1）、（2）所形成的暂态过电压。

对比过分相电磁暂态过程的相关研究成果，录波数据的电压与文献[5-7]的分析结果暂态过程（1）、（2）（文献[6]的图 11，t=0.2 s 时刻的波形）基本相符。

2. 动车组进入供电臂

实测录波装置于武广高铁某牵引变电所采集到多次动车组进入供电臂时车载牵引变压器一次侧励磁涌流现象的发生。图 2.26 所示为记录的一次典型的过分相过程中发生的励磁涌流现象（持续时间 3 s），局部放大波形如图 2.26（b）所示。

实测的馈线电流在第一个周期峰值达 150 A，直流分量和二次谐波幅值分别为 94 A 和 58 A。实测波形直流分量较高，低次谐波为其中主要谐波分量，其中二次谐波电流含量最高，电流存在明显的尖顶，并偏于时间轴一侧，其值随着时间推移逐渐趋于稳态，具有明显励磁涌流的特点。

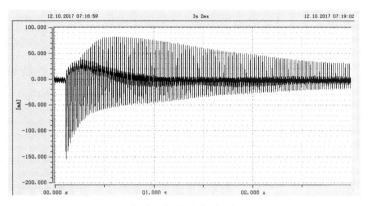

（a）励磁涌流波形

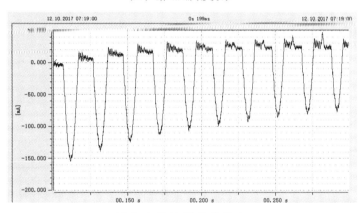

（b）电流波形局部放大

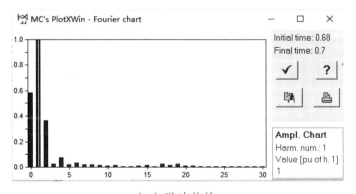

（c）谐波特性

图 2.26　实测的励磁涌流现象

注：仪器测量电流变比为 2 000。

在高频段，17、19 次谐波较大，幅值分别为 3.56 A、3.96 A。分析其原因在于，合闸后的一段时间内动车组仍处于无牵引状态，只为辅助供电系统供电，由于辅助供电系统采用的整流器方式、谐波特性均与牵引变流器有所区别，在此阶段电流会更多地受到辅助用电的影响。

图 2.27 所示为实测接触网电压，产生涌流时，网压畸变严重，低次谐波含量增加，造成其畸变的主要为低次谐波含量。

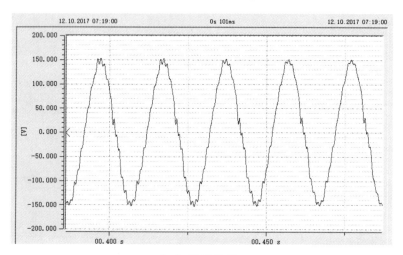

（a）网压波形

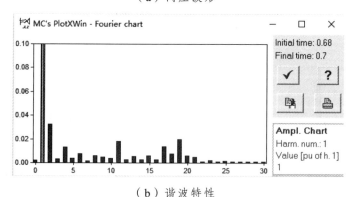

（b）谐波特性

图 2.27　实测的网压波形

注：仪器测量电压变比为 275。

总的来说，实测的波形具有明显励磁涌流的特点，波形时域特征、谐波特性上均与仿真分析大致相符。由于仿真分析时未考虑动车组辅助用电的影响，在高频段的谐波特性与实测的有些区别。

本章小结

本章基于现场实测数据、动车组运行状况的分析，从电磁暂态理论层面分析牵引供电系统暂态过程发生机理，梳理暂态信号的来源和成因，从理论分析、仿真实验和实测波形等多方面研究牵引供电线路各类暂态量的特征，为暂态辨识的特征设计奠定了理论基础，也为深度学习算法的训练提供了准确的数据样本来源。

第 2 章彩图

深度学习

3.1 深度学习简介

3.1.1 概 述

随着 2006 年神经网络深度学习算法的提出,深度学习已成为机器学习和人工智能研究的一个新领域。深度学习旨在使机器学习能够更加接近其最初的目标——人工智能。深度学习的引入以及计算能力的提升让人工智能进入了一个新的演进阶段:人工智能 2.0[74]。以深度学习为代表的新一代人工智能技术在基于大数据驱动的特征自学习、强非线性拟合、端到端(end-to-end)建模等方面具有极强的优势。

深度学习最初源于多层人工神经网络。深度学习的概念最早是由 Hinton 等人[52]提出的,他们证明了相比浅层神经网络,多层神经网络具有更加优秀的特征学习能力。一般来讲,神经网络和深度学习的本质区别并不大,深度学习特指基于深层神经网络实现的模型或算法。在深度学习中,深度指代在学到的函数中非线性操作组成的层次的数目。深度结构将低等级特征组合或者变换得到更高等级形式的特征,并从中学习具有层次结构的特征,这种特有的结构允许系统在多层次的抽象中自动地学习并能够拟合复杂的函数。

3.1.2 神经网络与深度学习

神经网络算法是一类通过神经网络从数据中学习的算法,它仍然属于机器学习的范畴。受限于计算能力和数据量，早期的神经网络层数较浅，一般在 1~4 层，网络表达能力有限。随着计算能力的提升和大数据时代的到来，高度并行化的图形处理器（GPU）和海量数据让大规模神经网络的训练成为可能。

2006 年，Hinton 首次提出深度学习的概念。2012 年，8 层的深层神经网络 AlexNet 发布，并在图片识别竞赛中取得了巨大的性能提升。此后，数十层，数百层，甚至上千层的神经网络模型相继提出，展现出深层神经网络强大的学习能力。我们一般将利用深层神经网络实现的算法或模型称作深度学习，本质上神经网络和深度学习是相同的。

图 3.1 比较了深度学习算法与其他算法。基于规则的系统一般会编写显式的规则逻辑，这些逻辑是针对特定任务设计的，并不适合其他任务。传统的机器学习算法一般会人为设计具有一定通用性的特征检测方法，如 SIFT、HOG 特征，这些特征能够适合某一类的任务，具有一定的通用性，但是如何设计特征方法，特征方法的优劣性是问题的关键。神经网络的出现，使得人为设计特征这一部分工作可以通过神经网络让机器自动学习完成，不需要人工干预。但是浅层的神经网络的特征提取能力较

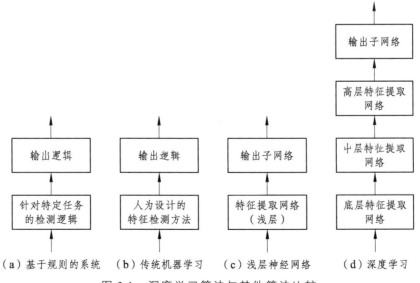

（a）基于规则的系统　（b）传统机器学习　（c）浅层神经网络　（d）深度学习

图 3.1　深度学习算法与其他算法比较

为有限，而深层的神经网络擅长提取深层、抽象的高层特征，因此具有更好的性能表现。

3.1.3 深度学习的学习方式

深度学习是机器学习的一个子领域，根据学习方式的不同，深度学习可分为有监督学习（supervised learning）、无监督学习（unsupervised learning）和强化学习（reinforcement learning）。

1. 有监督学习

目前，用得最多的是有监督学习，有监督学习是指送入深度学习网络中进行学习的不仅有数据样本 x，还有与数据样本相对应的标签 y，算法模型需要学习到映射 $f_\theta: x \rightarrow y$，其中 f_θ 代表模型函数，θ 为模型的参数。在训练时，通过反向传播算法和优化算法最小化模型的预测值 $f_\theta(x)$ 与真实标签 y 之间的误差来优化网络参数 θ。

2. 无监督学习

在实际的深度学习网络中，可能有成千上万的参数需要学习，因此就需要大量的带有标签的训练数据。但是，标签是通过人工方式在进行数据学习之前就标记好的。可想而知，如果数据量非常大的情况下，对数据打标签将是非常耗时耗力的工作。此时，自然的想法就是需要一个可以直接处理没有标签的数据的网络，这就促使了无监督学习的产生。无监督学习与有监督学习是相对的，即送入深度学习网络的只有数据本身，没有与数据相对应的标签，对于只有样本 x 的数据集，算法需要自行发现数据的模态，降维（dimensionality）和聚类（clustering）都是众所周知的无监督学习方法。无监督学习中有一类算法将自身作为监督信号，即模型需要学习的映射为 $f_\theta: x \rightarrow x$，称为自监督学习（self-supervised learning）。在训练时，通过计算模型的预测值 $f_\theta(x)$ 与自身 x 之间的误差来优化网络参数 θ。常见的无监督学习算法有自编码器、生成对抗网络等。

3. 强化学习

强化学习也称为增强学习，通过与环境进行交互学习解决问题的策略的一类算法。与有监督学习、无监督学习不同，强化学习问题并没有明确的"正确的"动作监督信号，算法需要与环境进行交互，获取环境反馈的滞后的奖励信号，因此并不能通过计算动作与"正确动作"之间的误差来优化网络。常见的强化学习算法有 Q-learning、DQN（Deep Q Net）等。强化学习通常用于机器人、游戏和导航。

3.2　深度学习的基本模型及其改进

目前，较为公认的深度学习的基本模型包括受限玻尔兹曼机（Restricted Boltzmann Machine，RBM）、自动编码器（Auto Encoder，AE）、卷积神经网络（Convolutional Neural Networks，CNN）、递归神经网络（Recurrent Neural Networks，RNN）、生成对抗网络（Generative Adversarial Network，GAN）。其中，CNN 和 RNN 是最流行的结构。CNN 适用于处理空间分布数据，而 RNN 在管理时间序列数据方面具有优势，本书主要介绍几种基础的模型及其改进模型。

3.2.1　卷积神经网络 CNN

卷积神经网络 CNN 是一种以卷积计算为基础的神经网络结构，用于处理具有类似网格形状那样的拓扑结构数据。例如图像数据，可以看作是像素的二维网格，还有时间序列数据，可以看作是按一定的时间间隔采样的一维网格。研究表明[53]，CNN 具有强大的自动特征提取和分类能力，可以处理各种类型的信号，包括一维时间序列、二维图像和三维视频。CNN 的主要结构包括卷积层（convolution layer）、激活函数层（activation layer）、池化层（pooling layer）、全连接层（fully-connected layer，FC）等。与传统的全连接神经网络不同，CNN 具有三个关键的体系结构思想，即局部连接、共享权值和池化。这些特性允许 CNN 优化更少的参数，学习更健壮的平移不变特征，并在许多识别任务上实现更好的泛化。

本书所研究的牵引供电系统暂态信号为一维时间序列数据，书中利用一维卷积神经网络（1D-CNN）来提取暂态信号特征，一维卷积神经网络结构如图 3.2 所示。

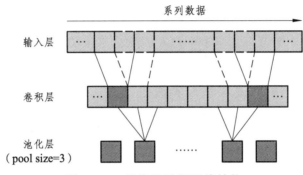

图 3.2　一维卷积神经网络结构

卷积层 C1 的输入是长度为 L 的原始信号 $\{x(n)\}$（$n=1, 2,\cdots, L$），在输入信号上滑动窗口大小为 s 的卷积核以提取时间轴上的局部特征。特征映射中第 i 个节点的输出 y_i 为

$$y_i = \sigma(\boldsymbol{W}^{\mathrm{T}}x_{i:i+s-1} + b) \tag{3.1}$$

其中，$\boldsymbol{W}\in \mathbb{R}^m$ 表示权值向量（卷积核），b 表示偏置项，$x_{i:i+s-1}$ 是从第 i 个时间步开始的输入信号 x 的 s 长度子信号，$\sigma(\cdot)$ 是非线性激活函数。通常选取校正线性单元（ReLU）作为非线性激活函数，以防止梯度弥散问题，加速模型的收敛。其数学形式为

$$\sigma(x) = \max(0, x) \tag{3.2}$$

如式（3.2）中所定义的，其作用等效于应用一个非线性滤波器，输出标量 y_i 可被视为对应子信号上滤波器的响应。输出 y_i 只与以第 i 个时间步开始的时长 s 内的子信号相关，与时窗外其他点无关，对于每个输出 y_i，均使用相同的权值向量，即权值共享，可以大大减少网络层的参数。

通常卷积层中使用和学习多个滤波器，用于提取不同的特征，第 j 个特征映射向量表示为

$$\boldsymbol{y}_j = \begin{bmatrix} y_1 & y_2 & \cdots & y_{L-s+1} \end{bmatrix} \tag{3.3}$$

进一步地，将池化层 P1 应用于由卷积层 C1 生成的特征映射向量，通过下采样去除相邻特征存在的冗余，提取最重要的和平移不变的特征。本书采用长度为 p 的最大池化函数计算输入特征映射上的局部最大值。第 k 个池化特征映射由式（3.4）获得。

$$\boldsymbol{h}_k = \begin{bmatrix} h_1 & h_2 & \cdots & h_{\frac{L-m}{p}+1} \end{bmatrix}$$
$$h_j = \max_{(j-1)p+1 \leqslant i \leqslant ip} \{y_i\} \tag{3.4}$$

在第一对卷积层 C1 和最大池层 P1 之后，得到 K_1 个新的特征映射。然后，这些特征映射将作为第二对卷积层 C2 和最大池层 P2 的输入，重复（3.1）~（3.4）中的相同操作。假设在第二对中使用和学习 K_2 个滤波器，则池化层 P2 的输出是 K_2 个新的池特征映射，其中第 k 个表示为 $\boldsymbol{h}'_K$。

由此，对于信号 $\{x(n)\}$，通过堆叠多对交替的卷积层和池层获得其特征表示 $\boldsymbol{q}$，表示为

$$\boldsymbol{q} = \begin{bmatrix} \boldsymbol{h}'_1 & \boldsymbol{h}'_2 & \cdots & \boldsymbol{h}'_{K_2} \end{bmatrix} \tag{3.5}$$

3.2.2　循环神经网络 RNN、LSTM、GRU

1. 递归神经网络 RNN

递归神经网络 RNN 是一种反馈神经网络。RNN 的输出不但与当前输入以及网络权重有关，还与之前输入的信息有关。图 3.3 表示了 RNN 网络模型。在每个时间戳 t，接受当前时间戳的输入 $\boldsymbol{x}_t$ 和上一个时间戳的状态向量 $\boldsymbol{h}_{t-1}$，经过

$$\boldsymbol{h}_t = f_\theta(\boldsymbol{h}_{t-1}, \boldsymbol{x}_t) \tag{3.6}$$

变换后，得到当前时间戳的新状态向量 $\boldsymbol{h}_t$。在每个时间戳上均有输出 $\boldsymbol{o}_t$

产生，$o_t = g_\phi(h_t)$将状态向量变换后输出。上述网络结构在时间戳上折叠，网络循环接受序列 x_t，并刷新状态向量 h_t，同时形成输出 o_t。和传统的神经网络相比，RNN 的特点是能够记住一段时间跨度的输入数据。

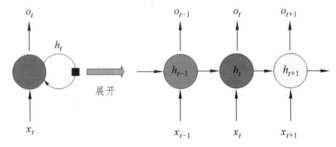

图 3.3　RNN 网络

注：请扫描本章末二维码获取彩图。

2. 长短时记忆网络 LSTM

长短时记忆网络 LSTM 是由 Hochreiter 等人[62]提出的一种特殊的循环神经网络。LSTM 与基础 RNN 的区别在于，引入了门机制和记忆细胞，克服了基础 RNN 存在梯度弥散的缺陷，记忆能力更强，更擅长处理较长的序列信号数据。

如图 3.4 所示，LSTM 的隐含层由输入门（input gate）、遗忘门（forget gate）、输出门（output gate）组成，利用这 3 个门来控制内部信息的流动。LSTM 隐含层的输入包括当前输入 x_t，上一时刻的状态 c_{t-1}，输出 h_{t-1}，

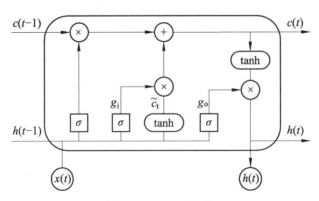

图 3.4　LSTM 结构

计算得到当前输出 h_t 并更新状态得到 c_t。LSTM 的结构中，遗忘门作用于细胞状态 c_t，控制上一时刻 c_{t-1} 对当前时刻 c_t 的影响。输入门用于控制 LSTM 对输入的接收程度，其中 tanh 函数用来产生当前时刻信息，σ 为激活函数（通常使用 Sigmoid 函数），用来控制有多少新信息可被传递给细胞状态。输出门则基于新的状态 c_t 得到当前状态对应的输出 h_t。

LSTM 的更新方式如下：

$$g_i = \sigma(W_{xi}x_t + W_{hi}h_{t-1} + b_i) \tag{3.7}$$

$$g_f = \sigma(W_{xf}x_t + W_{hf}h_{t-1} + b_f) \tag{3.8}$$

$$g_o = \sigma(W_{xo}x_t + W_{ho}h_{t-1} + b_o) \tag{3.9}$$

$$\tilde{c}_t = \tanh(W_{xc}x_t + W_{hc}h_{t-1} + b_c) \tag{3.10}$$

$$c_t = g_i\tilde{c}_t + g_f c_{t-1} \tag{3.11}$$

$$h_t = g_o\tanh(c_t) \tag{3.12}$$

式中　　g_i，g_f，g_o——输入门、遗忘门、输出门的控制变量；

$\quad\quad\quad c_t$——记忆细胞的状态；

$\quad\quad\quad \tilde{c}_t$——当前时刻积累的信息；

$\quad\quad\quad W$——不同门的权重矩阵；

$\quad\quad\quad b$——对应的偏置项。

根据式（3.11）可以知道，在 LSTM 中当前时刻的状态信息 c_t 与前一时刻状态信息 c_{t-1} 线性相关。当遗忘门为开（即 Sigmoid 函数输出接近 1）时，不会出现梯度消失，新的状态信息为之前状态和当前时刻累计信息的加权平均，因此无论序列的长度如何，只要遗忘门是打开的，网络就能记住过去的状态信息，使得 LSTM 能够捕捉长期依赖关系。

3. 门控循环网络 GRU

门控循环网络 GRU 是 Cho 等人[63]提出的一种简化版 LSTM，GRU 将内部状态向量和输出向量合并，统一为状态向量 h，门控的数量减少到 2 个：复位门（reset gate）和更新门（update gate），如图 3.5 所示。模型的门控结构更简单，门的数量和参数减少，被认为是 LSTM 的有效替代方案。

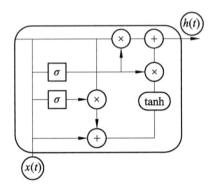

图 3.5　GRU 网络结构

GRU 的更新方式如下：

$$g_r = \sigma(W_r[x_t, h_{t-1}] + b_r) \tag{3.13}$$

$$g_z = \sigma(W_z[x_t, h_{t-1}] + b_z) \tag{3.14}$$

$$h_t = (1 - g_z)h_{t-1} + g_z \tanh(W_h[x_t, g_r h_{t-1}] + b_h) \tag{3.15}$$

式中　g_r，g_z——复位门、更新门的控制变量；

h_t——隐藏状态和输出向量；

W_r，W_z——复位门和更新门的权重矩阵。

3.2.3　卷积自编码器 CAE

1．自编码器原理

在有监督学习的神经网络中，有

$$o = f_\theta(x), \quad x \in \mathbb{R}^{d_{in}}, \quad o \in \mathbb{R}^{d_{out}} \tag{3.16}$$

式中　d_{in}——输入的向量长度；

d_{out}——网络输出的向量长度。

对于分类问题，网络模型通过把长度为 d_{in} 的输入特征向量 x 变换到长度为 d_{out} 的输出向量 o，这个过程可以看成是特征降维的过程，把原始的高维输入向量 x 变换到低维的变量 o。特征降维在机器学习中有广泛的应用，如文件压缩、数据预处理等。最常见的降维算法如主成分分析法（Principal Components Analysis，PCA），通过对协方差矩阵进行特征分解而得到数据的主要成分，但是 PCA 本质上是一种线性变换，提取特征的能力极为有限。

能否利用神经网络的强大非线性表达能力去学习到低维的数据表示（representation learning）呢？问题的关键在于，训练神经网络一般需要一个显式的标签数据（或监督信号），但是无监督的数据没有额外的标注信息，只有数据 x 本身。于是，尝试利用数据 x 本身作为监督信号来指导网络的训练，即希望神经网络能够学习到映射 $f_\theta: x \to x$。把网络 f_θ 切分为两个部分，前面的子网络尝试学习映射关系 $g_{\theta_1}: x \to z$，后面的子网络尝试学习映射关系 $h_{\theta_2}: z \to x$，如图 3.6 所示。自编码器模型主要由两个部分组成：

（1）编码器（encoder）：g_{θ_1} 为数据编码（encode）的过程，把高维度的输入 x 编码成低维度的隐变量 z（latent variable，或隐藏变量），即学习数据 x 的隐含特征，将数据压缩至潜在空间表示。

（2）解码器（decoder）：h_{θ_2} 为数据解码（decode）的过程，把编码后的输入 z 解码为高维度的 x，即根据学习到的低维特征，从潜在空间重构出原始的输入数据。

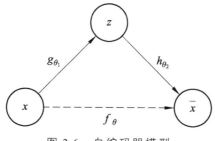

图 3.6　自编码器模型

编码器和解码器共同完成了输入数据 $\boldsymbol{x}$ 的编码和解码过程，把整个网络模型 f_θ 叫作自动编码器（Auto-Encoder，AE），简称自编码器。如果都使用深层神经网络来参数化 g_{θ_1} 和 h_{θ_2} 函数，则称为深度自编码器（Deep Auto-Encoder，DAE），如图 3.7 所示。

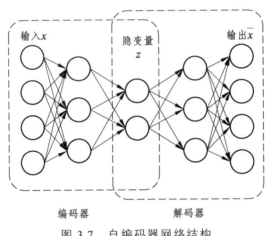

图 3.7　自编码器网络结构

自编码器能够将输入变换到隐藏向量 $\boldsymbol{z}$，并通过解码器重构（reconstruct）出 $\boldsymbol{x}$。如果希望解码器的输出能够完美地或者近似恢复出原来的输入，即 $\overline{\boldsymbol{x}} \approx \boldsymbol{x}$，那么，自编码器的优化目标可以写成：

$$\min L = \text{dist}(\boldsymbol{x}, \overline{\boldsymbol{x}}) \tag{3.17}$$

$$\overline{\boldsymbol{x}} = h_{\theta_2}(g_{\theta_1}(\boldsymbol{x})) \tag{3.18}$$

其中，$\text{dist}(\boldsymbol{x}, \overline{\boldsymbol{x}})$ 表示 $\boldsymbol{x}$ 和 $\overline{\boldsymbol{x}}$ 的距离度量（distance metric），最常见的度量方法有欧氏距离（euclidean distance）：

$$L = \sum_i (x_i - \overline{x}_i)^2 \tag{3.19}$$

它和均方误差原理上是等价的。自编码器网络和普通的神经网络并没有本质的区别，只不过训练的监督信号由标签 $\boldsymbol{y}$ 变成了自身 $\boldsymbol{x}$。借助于深层神经网络的非线性特征提取能力，自编码器可以获得良好的数据表示，相对于 PCA 等线性方法，自编码器性能更加优秀，可以更加完美地恢复出输入 $\boldsymbol{x}$。

2. 卷积自编码器

近年来，卷积神经网络所取得的各种优异表现直接推动了卷积自编码器（Convolutional Auto-Encoders，CAE）的产生。严格上来说，卷积自编码器属于传统自编码器的一个特例，它使用卷积层和池化层替代了原来的全连接层。传统自编码器一般使用的是全连接层，对于一维信号并没有什么影响，而对于二维图像或视频信号，全连接层会损失空间信息，通过采用卷积操作，卷积自编码器能很好地保留二维信号的空间信息。

卷积自编码器与传统自编码器非常类似，其主要差别在于卷积自编码器采用卷积方式对输入信号进行线性变换，并且其权重是共享的，这点与卷积神经网络一样。因此，重建过程就是基于隐藏编码的基本图像块的线性组合。

卷积自编码器的损失函数与传统自编码器一样，具体可表示为

$$J_{\text{CoAE}}(\boldsymbol{W}) = \sum(L(\boldsymbol{x}, \boldsymbol{y})) + \lambda \|\boldsymbol{W}\|_2^2 \tag{3.20}$$

3.3 其他

3.3.1 挤压和激励模块

挤压和激励模块（Squeeze-and-Excitation block，SE）由 Hu 等人[107]提出，目的是通过显式地建模卷积特征的通道之间的相互依赖关系来增强卷积特征的学习。Hu 等人[107]提出一种允许网络执行特征重新校准的机制，通过该机制，网络可以学习使用全局信息来选择性地强调信息性特征，抑制不太有用的特征。

SE 是一个计算单元，可以建立在任何给定变换 $\boldsymbol{F}_{\text{tr}} : \boldsymbol{X} \to \boldsymbol{U}$ 上，$\boldsymbol{F}_{\text{tr}}$ 将输入 $\boldsymbol{X} \in \mathbb{R}^{W' \times H' \times C'}$ 映射到特征表示 $\boldsymbol{U} \in \mathbb{R}^{W \times H \times C}$，在以下的符号中，将 $\boldsymbol{F}_{\text{tr}}$ 作为卷积算子，$V = [\boldsymbol{v}_1, \boldsymbol{v}_2, \cdots, \boldsymbol{v}_C]$ 表示已学习的滤波器内核集，$\boldsymbol{F}_{\text{tr}}$ 的输出表示为 $\boldsymbol{U} = [\boldsymbol{u}_1, \boldsymbol{u}_2, \cdots, \boldsymbol{u}_C]$，其中

$$u_C = v_C * X = \sum_{s=1}^{C'} v_C^s * x^s \qquad (3.21)$$

式中　*——卷积运算；

　　v_C^s——二维空间核，作用于 X 的对应通道。

SE 模块对通道相互依赖性进行建模，通过挤压和激励两个步骤为其提供全局信息访问和滤波器响应重新校准。

挤压操作利用局部感受野之外的上下文（全局）信息，使用全局平均池生成通道统计信息。变换的输出 U 在空间维度 $W \times H$ 上收缩，以计算通道统计 $z \in \mathbb{R}^C$。z 的第 c 个元素由 $F_{sq}(u_c)$ 计算而得，$F_{sq}(u_c)$ 是空间维度 $W \times H$ 上的全局平均值，定义为

$$z_c = F_{sq}(u_c) = \frac{1}{W \times H} \sum_{i=1}^{W} \sum_{j=1}^{H} u_c(i,j) \qquad (3.22)$$

将挤压和激励机制应用于一维时间序列数据，计算方法如图 3.8 所示。则对于时间序列数据，变换的输出 U 是在时间维度 T 上收缩以计算通道统计 $z \in \mathbb{R}^C$。于是，z 的第 c 个元素由 $F_{sq}(u_c)$ 计算而得，$F_{sq}(u_c)$ 是时间维度 T 的全局平均值，定义为

$$z_c = F_{sq}(u_c) = \frac{1}{T} \sum_{t=1}^{T} u_c(t) \qquad (3.23)$$

从挤压操作中获得聚集的信息之后是激励操作，其目标是捕获通道依赖性。为了实现这一目标，采用一种简单的门控机制，并对其应用 Sigmoid 激活，如下所示。

$$s = F_{ex}(z,W) = \sigma(g(z,W)) = \sigma(W_2\delta(W_1 z)) \qquad (3.24)$$

式中　F_{ex}——被参数化为神经网络；

　　σ——Sigmoid 激活函数；

　　δ——ReLU 激活函数；

　　$W_1 \in \mathbb{R}^{\frac{C}{r} \times C}$，$W_2 \in \mathbb{R}^{C \times \frac{C}{r}}$——$F_{ex}$ 的可学习参数；

　　r——降维比；

W_1——降维层的参数；

W_2——增维层的参数。W_1 和 W_2 的作用是限制模型的复杂性，
并有助于泛化。

最后，使用激活重新缩放 U 获得 SE 模块的最终输出：

$$\tilde{X}_c = F_{\text{scale}}(u_c, s_c) = s_c \cdot u_c \qquad (3.25)$$

式中　$\tilde{X} = [\tilde{x}_1, \tilde{x}_2, \cdots, \tilde{x}_c]$，$F_{\text{scale}}(u_c, s_c)$——指特征映射 $u_c \in \mathbb{R}^T$ 和 s_c 之间
的通道相乘。

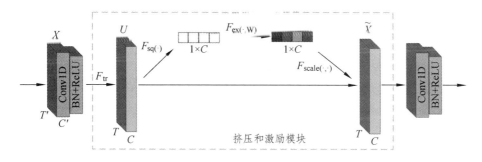

图 3.8　时间序列挤压和激励块的计算

注：请扫描本章末二维码获取彩图。

3.3.2　多任务学习

多任务学习（Multi-Task Learning，MTL）是一种基于共享表示，把
多个相关的任务放在一起学习的建模方式。通过共享相关任务之间的表
征，可以使模型更好地概括原始任务，提高泛化能力，并且多个任务同
时进行预测，减少了数据来源的数量以及模型参数的规模，使预测工作
更加高效。

在深度神经网络中，多任务学习通过隐层参数的硬共享或软共享来
完成。其中，参数的硬共享是神经网络 MTL 最常用的方法[108]。在实际
应用中，通常采取共享所有任务之间的隐藏层、保留任务的输出层的方
式来实现。有文献[109]证明了共享硬参数有助于降低过拟合的风险。

本章小结

深度学习是机器学习的一种方法，它大量借鉴了关于人脑、统计学和应用数学的知识。近年来，得益于更强大的计算机、更大的数据集和能够训练更深网络的技术，深度学习的普及性和实用性都有了极大的发展。本章介绍了深度学习的学习方式，基本网络模型及改进模型的结构、原理，分析了各网络模型的特点。

第 3 章彩图

基于深度学习的牵引供电系统暂态信号辨识

本章基于深度学习相关技术实现牵引供电系统暂态信号的辨识。针对雷电暂态信号的有效特征提取问题，提出基于一维卷积神经网络和多任务学习的雷电绕击、反击识别方法。针对牵引供电系统各种暂态过程所产生的信号特点，提出一种用于多变量时间序列的 GRU 和 CNN 并行模型实现牵引供电系统的暂态辨识。

4.1 基于卷积网络 1D-CNN 和多任务学习 MTL 的雷电绕击与反击识别

由前文分析可知，实际测得的雷电暂态信号受闪络故障行波在线路上的折反射及衰减、雷电流对地放电通道等各种因素影响，具有相当大的内部变异性，采用信号处理方法提取的有效特征进行分类时可分性不足。为了提高特征提取和分类性能，本书提出一种基于一维卷积神经网络（1D-CNN）和多任务学习（MTL）的雷击故障辨识系统。本架构的一个主要优点是通过分层学习，直接从复杂的原始雷电暂态信号中自动地学习出高阶健壮有用的故障特征。

4.1.1 模型框架

雷击故障辨识系统的总体架构如图 4.1 所示，以端到端的学习方式工作，由两个连续的阶段组成：特征学习阶段和分类阶段。

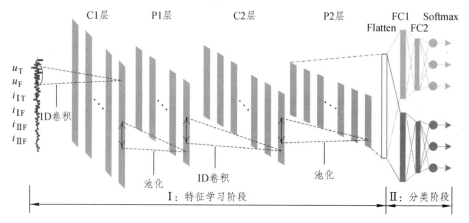

图 4.1　基于 1D-CNN 和 MTL 的雷击故障辨识系统架构图

注：请扫描本章末二维码获取彩图。

1. 特征学习

对于雷击故障暂态信号 $\{x(n)\}$，本书利用图 3.2 所示的一维卷积神经网络 1D-CNN 来提取雷击故障信号特征。采用堆叠多对交替的卷积层和池层获得其特征表示，变换过程如式（3.1）~（3.5）。

2. 分　类

在本书中，需要从雷击故障信号中识别绕击、反击，还应确定雷击故障点所在的线路，为后续故障测距的实现提供有用的信息，也就是说，需要预测输入雷击故障信号的多个目标属性。在雷击故障信号的识别问题上，雷击类别和线路之间具有相关性，知道故障点所在的线路有助于模型在雷击类别的空间中学到更准确的表示，反之亦然。在此，根据多任务学习的思路，将雷击故障信号的识别问题分解成子问题，分类任务建模为两个子任务，构建两个输出，输出 1 对应绕击、反击、杂波，输出 2 对应上行线、下行线、杂波。

在卷积层提取的特征进入全连接层之前，对提取到的特征采用 Flatten 层展平，将其转换为适合全连接层处理的形式。接着将特征提取阶段获得的特征表示 $\boldsymbol{q}$ 映射到 2 个子任务模块上，子任务模块的结构为 2

个全连接层。第 1 个是带有 ReLU 单元的全连接层。第 2 个为输出层，在输出层使用 Softmax 函数为每个类别输出条件概率。假设输入样本列向量 x 有 K 种类别，第 j 类输出概率 $o_j \in [0, 1]$，计算如式（4.1）。

$$o_j = \frac{e^{(\theta_j^{\mathrm{T}} x)}}{\sum_{k=1}^{K} e^{(\theta_k^{\mathrm{T}} x)}}, \ j = 1, 2, \cdots, K \qquad （4.1）$$

其中，列向量 θ_j 是要学习的模型参数，$\sum_{j=1}^{K} o_i = 1$。它将根据训练样本自动优化。

在本体系结构的训练过程中，需要对各个子任务指定对应的损失函数。由于本研究的 2 个子任务均为分类任务，对 2 个子任务都采用预测类标签和真实类标签之间的交叉熵作为损失函数，再加权求和得到全局损失函数。

在本体系结构的分类阶段，在全连接层上使用了 Dropout 退出技术，以防止过拟合。使用退出技术，在每个训练迭代时段以一定的概率（通常为 0.5）随机移除单个节点。这项技术大大提高了训练速度。

本辨识系统的开发流程如下。

第一步：使用牵引供电系统的电磁暂态仿真模型模拟不同情况下的雷击故障信号，对仿真输出信号进行数据预处理、扩充，加注标签。此处加注 2 个标签，标签 1 代表雷击类型；标签 2 代表雷击故障点所在的线路，由此获得用于模型训练和测试的数据样本。

第二步：以训练样本为基础，以原始雷击故障信号为输入，相应的标签为输出，建立基于 1D-CNN 和 MTL 的端到端雷击辨识模型。利用 BP 算法对整个模型进行离线训练，优化各参数，同时完成特征学习和分类。

第三步：将测试样本输入训练好的雷击辨识模型自动进行特征的计算，直接识别绕击、反击及雷击故障点所在的线路。

本辨识系统的优点在于：

（1）端到端。应用卷积神经网络后，直接作用于原始数据，特征提取和分类同时优化，完成了原始输入直接到输出的任务，这种端到端的方式，具有更简洁的结构。

（2）使用共享表示。通过共享多个任务之间的表征，提高了泛化能力，并且多个任务同时进行预测，减少了模型参数的规模，使预测工作更加高效。

4.1.2　仿真与数据集构建

本书采用 2.4 节中建立的电磁暂态仿真模型模拟雷击故障信号。仿真模型中，供电臂总长 45 km，中间设置 2 个 AT 自耦变压器，将供电臂分为 3 段，量测点设置于牵引变电所。改变仿真模型中接触网支柱接地电阻、故障发生位置、故障角、雷电流、雷击故障点所在的线路等参数，分别获取绕击、反击类型下的传播至牵引变电所的雷击故障信号。仿真参数设置见表 4.1。在不同条件下，获得绕击、反击类型各 1 620 个仿真波形。

输入变量为变电所出口处检测到的电压 u_T、u_F，电流 i_{IT}、i_{IF}、i_{IIT}、i_{IIF}（下标 I、II 表示上下行线路，T、F 表示接触线、正馈线，出口处上下行线路并联有 $u_{IT}=u_{IIT}=u_T$，$u_{IF}=u_{IIF}=u_F$）。考虑到绕击、反击故障下雷击暂态信号的特征差异主要存在于雷电流注入后的较短时间（如 2 ms）内，之后均出现接地故障特征，因此，在仿真波形上截取初始波头后 2 ms 的波形作为样本，采样频率 1 MHz 下，每个样本包含 2 000 个时间步数。

表 4.1　电磁暂态仿真参数

仿真参数	取　值
雷电流/kA	反击：3、4、5 绕击：80、90、100
支柱接地电阻 R_g/Ω	5、10、15
雷击点距离各区段首端/km	1、3、6、9、12、14
故障角	±6°、±17°、±30°、±49°、±90°
雷击故障点所在的线路	上行、下行

为了防止模型发生过拟合，最优解决方法是获取更多的训练数据，接着对电磁暂态仿真所得的样本数量进行扩充，数据扩充的步骤如下。

（1）通过加噪声对数据进行扩充。对仿真数据分 3 次加入服从高斯分布的噪声，信噪比 SNR 分别为 10 dB、20 dB、30 dB；信噪比定义如下：

$$SNR_{dB} = 10\log_{10}\left(\frac{P_s}{P_n}\right) \tag{4.2}$$

式中　P_s，P_n——表示信号与噪声的功率。

（2）对仿真数据进行截取。以检测到的首个突变点为基准，左右平移 2 次，步长为 200 个数据点，通过这个方法将数据扩充 4 倍。

考虑到实际采录下来的信号有可能是干扰杂波，本文在正弦信号上加入白噪声，分段截取，获得杂波样本。

数据集样本设计 2 个标签，标签设置见表 4.2。将构建的数据集按比例划分为训练集、验证集和测试集。

表 4.2　数据集标签

标签 1	雷击类型	标签 2	雷击故障点所在的线路
0	绕击	0	上行线
1	反击	1	下行线
2	杂波	2	杂波

4.1.3　网络训练

实验使用 TensorFlow 深度学习框架，编程语言为 Python，所用计算机配置为 Intel Xeon W-2123 CPU@3.60 GHz，NVIDIA Quadro P4000，内存为 32 GB。

输入大小为 2 000，即雷击故障信号样本的长度。3 个卷积层 C1、C2、C3 的滤波器的数目分别为 4、4、6。所有滤波器长度均为 9，用于从输入信号的局部区域捕获足够的信息。将 3 个池层 P1、P2、P3 的池长度设置为 4。在分类阶段，2 个子任务模块的第 1 个全连接层的神经元数

目均为 32 个，输出大小均为 3，多任务损失函数中的权重参数分别设置
为 0.5。

图 4.2 显示了本模型的训练集和验证集在整个训练过程中的整体精
度曲线。可以看出，训练精度（accuracy）和验证精度在经过 20 个迭代
周期（epoch）后都达到了稳定值，没有出现过拟合现象，说明使用的训
练集足够大，可以训练具有六层以上网络结构的模型。图 4.3（a）和（b）
用混淆矩阵显示了 2 个子任务的测试分类结果。它给出了每个状况的正
确分类样本和错误分类样本。x 轴和 y 轴分别表示预测标签和真实标签。

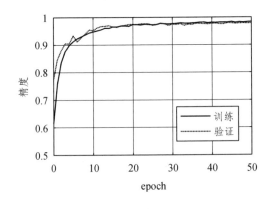

（a）子任务 1

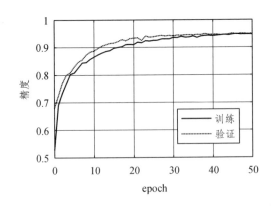

（b）子任务 2

图 4.2　训练精度曲线

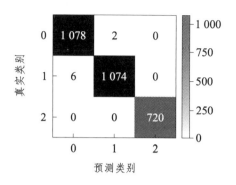

（a）子任务 1

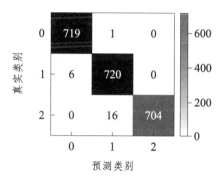

（b）子任务 2

图 4.3　混淆矩阵

4.1.4　算法性能评估

1. 绩效指标

本书所研究的雷击故障信号识别问题是一个多类分类问题。为了进行绩效评估和比较，本书采用 F_1 分数。它是衡量分类方法性能的常用综合指标，定义为

$$F_1 = \frac{2\text{TP}}{2\text{TP} + \text{FP} + \text{FN}} \tag{4.3}$$

式中　TP——真正类（True Positive），将正类预测为正类的数目；

TN——真负类（True Negative），将负类预测为负类的数目；

FP——假正类（False Positive），将负类预测为正类的数目；

FN——假负类（False Negative），将正类预测为负类的数目。

在后续的研究中，用所提出的方法计算每个类别的 F_1 分数，并求出平均 F_1 得分。

2. 模型深度对识别正确率的影响

卷积神经网络的深度可以决定提取特征的抽象程度。雷击故障特征的提取水平对分类结果有很大的影响。为了测试深度对识别效果的影响，测试了一到四层 CNN，结果见表 4.3。表 4.3 为注入 SNR 为 20 dB 的噪声信号所得的评估结果，由表中可以看出，分类性能随着深度的增加而提高。这是因为具有更多层次的 CNN 可以在更高的层次上学习和提取更抽象、更健壮的特征，有助于分类。三层和四层的 CNN 模型在 F_1 得分上有相似的表现（约 99%），明显好于只有一层的模型（提高了约 7%）。当然，计算开销会随着深度的增加而增加，为了减少计算量，在特征提取中选择三层。

表 4.3　不同深度下的识别正确率

深度	F_1/%	
	雷击类型	线路
一层	92.34	91.25
二层	98.41	97.01
三层	99.81	98.21
四层	99.90	98.51

3. 抗噪声健壮性

在实际应用中，被测暂态信号容易受到互感器杂散参数引起的噪声污染，因此，有必要检查提出的模型对噪声的健壮性。将加性高斯白噪声注入原始暂态信号，以构造具有不同信噪比（SNR）的噪声信号。表

4.4 所示为注入 SNR 为 5~20 dB 的噪声信号所得的评估结果，以计算所有情况下 F_1 得分的平均结果作为评估指标。结果表明，在所有信噪比水平下，F_1 得分均超过 90%。显然，所提出的模型在不进行任何去噪预处理的情况下，对噪声具有很强的健壮性，这意味着在噪声环境下也能够学习和提取出有效特征。

表 4.4　不同信噪比下的识别正确率

信噪比/dB	F_1/%	
	雷击类型	线路
5	91.68	91.05
10	93.41	92.78
15	96.52	95.83
20	99.81	98.21

4. 多任务与单任务学习的对比

将输出层的建模方式换为单任务多标签分类的方式，信噪比 SNR 设置为 5~20 dB，对比雷击类型的识别正确率，实验结果见表 4.5。实验结果表明多任务建模方式能有效提高系统的健壮性。

表 4.5　不同分类建模方式下的识别正确率

建模方式	F_1/%			
	5 dB	10 dB	15 dB	20 dB
单任务学习	89.56	91.78	93.89	97.75
多任务学习	91.68	93.41	96.52	99.81

5. 与传统研究方法的对比

比较了小波包分解（WPD）和经验模态分解（EMD）等两种传统的特征提取方法。小波包分解（WPD）和经验模态分解（EMD）可以将复杂的暂态信号分解为多个不同的分量，这些分量包含不同的频带。这些方法被认为是多尺度特征提取方法，广泛应用于暂态信号的识别上。对于小波包分解，如 2.4.3 节所述，使用 daubechies4 小波将每个样本分解为四个层次，从而在不同的频带上产生 16 个节点，然后，选择高频段的节点 9~15 的能量值作为特征。对于 EMD，计算每个样本的前 6 个高阶本征模函数的能量向量。将不同方法提取的特征输入到具有径向基核函数的 SVM 分类器中进行雷击类型识别。表 4.6 给出了所提方法与传统多尺度特征提取方法在 F_1 得分的比较结果。

表 4.6　不同方法下的识别正确率

方法	F_1/%			
	5 dB	10 dB	15 dB	20 dB
WPD +SVM	80.56	82.78	86.83	87.75
EMD +SVM	80.65	83.26	86.33	88.65
本模型	91.68	93.41	96.52	99.81

结果表明，本书所提出的方法的性能最好，平均达到 95.36%。相比之下，传统的特征提取方法的 F_1 分数低于 85%，性能不够理想。其原因在于，传统的方法在特征提取过程中，存在大量的信息无法被有效捕获，甚至丢失。结果还表明，所提取的能量特征在不同类别之间可能是相似的，因此无法区分。相反，本书所提方法可以从原始暂态信号中自动学习出有用的时频分布特征，而不依赖人工构造特征。

综上所述，传统的多尺度特征提取方法是在特征层上进行的，而卷积神经网络是在信号层上进行的，这样可以保留输入的所有信息。因此，所提出的方法具有端到端的特征学习能力，可以作为智能暂态信号识别的通用分类方法。

6. 特征可视化

为评估 CNN 模型提取特征的能力，将网络中各层的输出进行可视化。将测试样本输入到训练好的模型，提取各层特征。利用 t-SNE 数据可视化算法将各层提取的特征降至二维，得到散点分布图。结果如图 4.4 所示。以输出 1 为例，图 4.4（a）为卷积层 C3 学习到的特征可视化结果，

图 4.4（b）为第 1 个全连接层 FC1 的输出可视化结果。由结果可以看出，经过卷积池化后，各个类别已经基本分开。

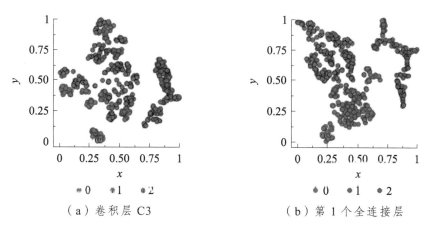

（a）卷积层 C3　　　　　　　　　　（b）第 1 个全连接层

图 4.4　特征可视化

注：请扫描本章末二维码获取彩图。

图 4.5 所示为小波包分解所提取的高频段能量谱特征的可视化结果，可以看出提取的特征产生了重合，可分性较差。而图 4.4（b）中提取的特征可分性明显好于图 4.5，类内特征更加聚集，不同类之间的特征区分度更好，基本不存在重叠的情况，泛化性能更好。

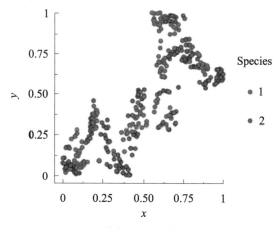

图 4.5　小波包能量谱特征可视化

注：请扫描本章末二维码获取彩图。

4.2 基于多变量的 GRU 和 FCN 并行模型的牵引供电系统暂态辨识

由第 2 章中对牵引供电系统暂态过程的分析可知，受动车组负荷运行状况变化、外界因素的影响，所观测到的波形复杂多样。一方面，存在电压或电流模式可能相似的暂态事件。例如，高阻短路故障下监测到的电流波形与动车牵引工况下的电流波形较为相似，动车组离开供电臂下的暂态电压与弓网离线电弧下的过电压波形也具有相似性，这种情况下，其他参数可提供可区分特征；另一方面，电压和电流之间的相位关系在动车组不同工况（如牵引、再生制动）下存在差异。对于牵引供电系统，反映不同暂态过程的有用信息不仅存在于电流中，也存在于电压中，只有将两者结合，并充分利用电压、电流之间相互依存的动态关系，才能准确区分暂态信号。为了准确识别不同暂态过程下产生的信号，本书提出一种用于多变量时间序列的深度学习网络模型实现牵引供电系统的暂态辨识。

4.2.1 模型框架

本书提出的模型包括全卷积（Fully Convolutional Network，FCN）块和 GRU 块，如图 4.6 所示。FCN 块由三个堆叠的时间卷积块组成，用作特征提取器，每个单元块都含有一个堆叠的 Conv-BN-ReLU 块，由卷积层、批量标准化（Batch Nomalization，BN）层，ReLU 层组成，BN 层的应用有助于提升网络的性能。最后一个时间卷积块后应用全局平均池化，用于在分类之前减少模型中的参数数量。其中，前两个时间卷积块分别以一个挤压和激励模块 SE 块结束。同时，时间序列输入被传送到维度混洗层。然后，将维度混洗转换后的时间序列传递到 GRU 块。GRU 块由一个 GRU 层组成。最后，合并全局池化层和 GRU 块的输出并传递给 Softmax 分类层。

本模型的输入数据集为多变量时间序列，在此定义时间序列数据集的维度为 (N, L, M)，其中，N 是数据集中的样本数，L 是所有变量中的最大时间步数，M 是每个时间步处理的变量数。

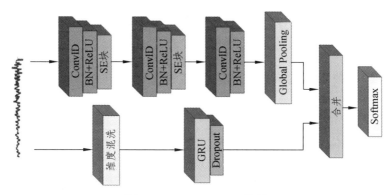

图 4.6　MGRU-FCN 模型

注：请扫描本章末二维码获取彩图。

本架构中，FCN 块和 GRU 块在两个不同的视图中感知相同的时间序列输入。对于 FCN 块，输入是具有 L 个时间步长的多元变量时间序列，每个时间步有 M 个不同的变量，变量被定义为卷积通道。对于 GRU 块，输入与维度混洗层的应用有关，维度混洗层用于转换时间序列的时间维度。如果，维度混洗未应用于 GRU 的前端，那么 GRU 将需要 L 个时间步来在每个时间步处理 M 个变量。但是，如果应用了维度混洗，那么 GRU 将需要 M 个时间步来处理每个时间步的 L 个变量。换言之，当变量数 M 小于时间步长 L 时，维度混洗能够提高模型的效率。在维度混洗之后，在每个时间步 t（其中 $1<t<M$，M 是变量的数目），输入向 GRU 提供该变量的整个历史信息（该变量在所有 L 时间步上的数据），GRU 一次获得每个变量的全局时间信息。因此，对于时间序列分类问题，维度混洗操作在不损失精度的前提下，减少了训练和预测的计算时间。

FCN 块中增加的挤压和激励块对于增强多变量时间序列数据集的性能至关重要。挤压和激励块的工作原理如 3.3.1 节所述，在此将其扩展到一维序列模型中。因为并非所有特征映射都会对后续层产生相同程度的影响，这种特征映射的自适应重新校准可以看作是对先前层的输出特征映射学习的自我关注的一种形式。这种滤波器映射的自适应重缩放将学习到的自我关注纳入每个时间步多个变量之间的相互关系中。挤压和激励模块的应用有助于学习牵引供电系统的暂态电压、电流变量之间的相互关系。

4.2.2 暂态数据集的构建

深度学习本质上是属于数据驱动的方法，是从数据中产生"模型"的算法。"模型"的产生依赖于大量的训练样本，但现场条件有限，能够获得的故障样本太少，完全用现场测试的数据来训练不太现实。显然，对牵引供电系统进行电磁暂态仿真是获得大量样本的直接方法，但另一方面，牵引线路上的动车组为移动的非线性负荷，不确定性因素较多，仿真环境下设置条件有限，无法获取到牵引供电系统所有可能情形的有效信息作为训练数据。现场实测波形是最接近实际工况的样本，使用现场数据的结果被认为是最可信的。因此，将现场实测与电磁暂态仿真相结合是获取样本较理想的办法。

1. 电磁暂态仿真样本

本书采用 2.3 和 2.4 节中建立的电磁暂态仿真模型分别模拟产生短路、雷击故障信号。为了确保样本的真实性，仿真的供电臂结构和电气参数与现场实测数据获取的环境一致，供电臂总长 26 km，中间设置 1 个 AT 自耦变压器，将供电臂分为 2 段，区段 1、2 分别长 12 km、14 km。量测点设置也与现场实测的一致，设置于牵引变电所供电侧的馈线，测量单边供电臂的电压、电流。

对于短路故障，按强故障模态、弱故障模态两种情形，改变仿真模型中故障阻抗、故障角、故障发生位置、故障类型等参数，分别获取不同故障条件下的短路故障信号。仿真参数设置见表 4.7。

对于雷击故障，根据接触网的耐雷水平，按闪络、未闪络两种情形，改变仿真模型中故障发生位置、故障角、雷电流等参数，分别获取传播至牵引变电所的雷击故障信号。仿真参数设置见表 4.8。

表 4.7 短路故障电磁暂态仿真参数

仿真参数	取值	
	强故障模态	弱故障模态
故障阻抗 R_f/Ω	1、10	100、300
故障角	$\pm6°$、$\pm17°$、$\pm30°$、$\pm49°$、$\pm90°$	
短路发生区段； 距离各区段首端/km	Ⅰ、Ⅱ；1、3、5…	
故障类型	TF、TR、FR	

表 4.8 雷击电磁暂态仿真参数

仿真参数	取值	
	闪络	未闪络
雷电流/kA	反击：3、4、5 绕击：80、90、100	反击：1.5、1.8、2.0 绕击：50、60、70
雷击点所在区段； 距离各区段首端/km	Ⅰ、Ⅱ；1、3、5…	
故障角	$\pm6°$、$\pm17°$、$\pm30°$、$\pm49°$、$\pm90°$	

仿真时，考虑到现场运行的动车组负荷的影响，在仿真模型中将动车组负荷等效为电阻、电感结合的负载，随机加入牵引供电线路的不同位置进行仿真。同时，考虑测量装置的噪声，对仿真数据加入服从高斯分布的噪声，信噪比 SNR 分别为 20 dB、30 dB。

鉴于暂态事件持续时间通常在 10 个工频周期以内（有的持续时间长些，但主要特征信息仍在触发时刻后的 10 个周期以内），在仿真波形上截取故障时刻前 2 个周期（40 ms），后 8 个周期的波形作为样本。仿真步长通常较小（取 1 μs），相当于采样率 f_s=1 MHz，考虑到实测条件，将仿真波形采样降至 10 kHz。于是，每个样本的时间步数为 2 000。

2. 现场实测数据样本

本书采用在武广高铁某牵引变电所进行的电能质量监测所采录的波形，现场测试情况及分析见 2.2 节，依据暂态过电压的成因并结合供电臂负荷曲线及现场调度作业记录等对现场采录波形进行人工分析（详见第 2 章），现场采录波形多为动车组负荷不同运行工况下（过分相、弓网离线、牵引工况、再生制动工况等）引起的暂态响应，还有接触网隔离开关操作引起的暂态响应，所采录的波形较完整且真实地反映了牵引供电系统在实际运行环境下的暂态过程。

对于实测录波波形，从其触发时刻前 1~3 个周期开始，截取 10 个周期，录波采样频率 10 kHz，每个样本的时间步长也为 2 000。考虑到实测数据中有效的样本数量有限，为了防止模型发生过拟合，对其样本数量进行扩充，以触发时刻为基准，左右平移 4 次，步长为 0.25 个周期，通过这个方法将数据扩充 8 倍。

将现场实测数据与电磁暂态仿真样本合并构建暂态数据集，数据集样本标签设置及各暂态类型的样本数量见表 4.9。暂态数据集波形见附录 C。

表 4.9 数据集标签

标签	暂态类型	数量	标签	暂态类型	数量
0	开关操作	90	5	弓网电弧	657
1	牵引工况	351	6	短路（强故障模态）	504
2	过分相涌流	98	7	短路（弱故障模态）	504
3	动车组驶离	513	8	故障性雷击	540
4	再生制动工况	378	9	非故障性雷击	540

4.2.3 实验与结果分析

1. 网络训练

实验环境如 3.2.3 节所述。FCN 块中的 3 个时间卷积块的滤波器的数目分别为 4、8、4，内核大小分别为 8、5、3。此外，前两个 FCN 块最后的挤压和激励块，根据 Hu 等人[107]的建议，选择 16 作为所有 SE 块的还原比 r。GRU 单元的最佳数量通过网格搜索确定，保持其他超参数保持不变，在 4 个不同的选项（8、32、64、128）中搜索，确定 32 为 GRU 层的最佳单元数量。Dropout 设置为 50%，以减轻过拟合。

由于暂态数据集中由实测所得的各种暂态类型的样本数量不均衡，对于这种具有类别不平衡的数据集，采用 King 等人提出的类别加权方案[110]，利用系数 $w_i = \dfrac{N}{C \times N_{C_i}}$ 对每个类别 C_i（$1 \leqslant i \leqslant C$）的损失贡献进行加权，其中 w_i 是第 i 类的损失标度权重，N 是数据集中的样本数，C 是类别数，N_{C_i} 是属于类别 C_i 的样本数。

图 4.7 所示的混淆矩阵显示了测试分类结果。它给出了每个状况的正确分类样本和错误分类样本。x 轴和 y 轴分别表示预测标签和真实标签。值得注意的是，模型对类型 0、2、7、8、9 均有比较好的识别能力，但是对类型 4 的识别能力较差，类型 4 的特异性较低，表示模型倾向于将非类型 4 的信号分类为类型 4。

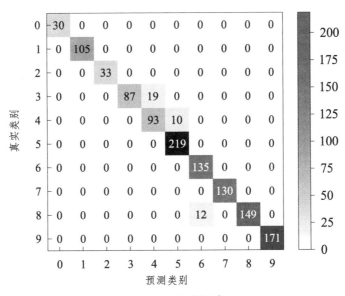

图 4.7　混淆矩阵

2. 不同输入方式下的对比

将输入的暂态序列数据集分别设置为电压、电流、电流+电压,对比暂态类型的识别正确率,实验结果见表 4.10。实验结果表明,只有电压或电流输入时识别效果差,其中以电压输入时识别率最低,显然多变量方式能有效提高系统的识别率。

表 4.10　不同输入方式下的识别正确率

变量	$F_1/\%$
电压	71.25
电流	82.01
电流+电压	91.51

3. 挤压和激励模块对多变量时间序列分类性能的影响

对比加入、未加入挤压和激励模块时暂态类型的分类性能,实验结果见表 4.11。实验结果表明挤压和激励模块的加入有助于提高多变量时间序列分类的性能,预测时间没有明显的增加,对模型的计算花销无太大影响。

表 4.11　加入/未加入 SE 块下的分类性能

项目	$F_1/\%$	预测时间/（ms /样本）
未加入 SE	91.51	8
加入 SE	96.12	9

4. 特征可视化

FCN 块中每一卷积层都学习一组过滤器,以便将其表示为过滤器的组合,这类似于傅里叶变换将信号分解为一组正弦函数的过程。为了理解各卷积层如何对输入进行变换,给定输入,展示网络中各个卷积层输出的特征(层的输出通常也称为该层的激活,本模型中为 ReLU 激活函数的输出)。图 4.8 所示为 FCN 块中各个卷积层在所有通道上输出的特征,

由图可见,

（1）第一层是各种边缘探测器的集合。在这一层,激活几乎保留了原始暂态信号中的所有信息。

（2）激活随着层数的加深越来越抽象。层数越深,其表示中关于暂态信号时域的信息越少,而与类别相关的信息越多。

（3）随着层数的加深,激活的稀疏度增大,可以看到,在第三层的各个通道输出层次分明,可分性加强。

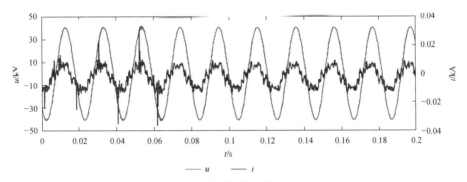

（a）原始暂态信号

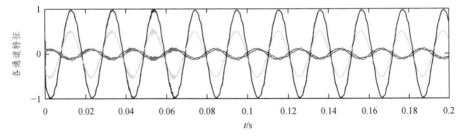

（b）第1个卷积层

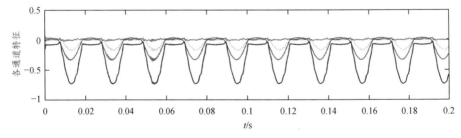

（c）第2个卷积层（前4个通道）

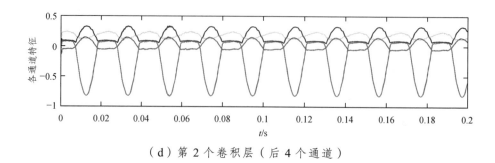

（d）第 2 个卷积层（后 4 个通道）

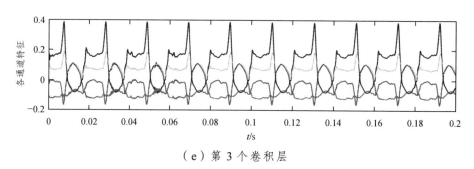

（e）第 3 个卷积层

图 4.8　各卷积层各通道输出的特征

注：请扫描本章末二维码获取彩图。

本章小结

本章针对接触网绕击、反击故障下雷电暂态信号的有效特征提取问题，提出了一种基于 1D-CNN 和 MTL 的端到端雷击故障辨识体系结构，所提出的辨识系统可以直接从复杂的原始雷电暂态信号中自动地学习出高阶健壮有用的故障特征，与传统的依赖人工特征和浅层分类模型的故障辨识方法不同，基于 CNN 的雷击故障辨识系统可以在不依赖复杂的信号处理算法和先验知识的情况下同时进行自动特征提取和分类。实验结果表明，所提出的方法在特征学习、抗噪声健壮性和分类性能等方面明显优于传统研究方法，取得了更好的性能。

对于牵引供电系统暂态的识别，以现场实测与电磁暂态仿真相结合的方式构建牵引供电系统暂态数据集，既解决了故障样本少，不易获取的问题，又兼顾了样本的有效真实性。针对牵引供电系统各种暂态过程所产生的信号特点，所提出的用于多变量时间序列的 GRU 和 FCN 并行模型取得了良好的分类性能。另外，压缩和激励块的加入显著提高了系统的分类性能，将有助于多变量时间序列分类任务。

第 4 章彩图

无标记实测数据的深度聚类分析

现场积累的大量的实测录波数据大部分序列数据是未标记任何类别的，对这些数据进行标记需依据暂态过程的成因并结合现场作业记录等手段进行人工分析，需要耗费大量的人力且依赖专业知识。解释这些实测录波数据，分析其与牵引供电系统暂态过程的相关性仍然是一个挑战。

针对实测无标记数据的解析，需选择合适的无监督学习聚类技术。实测暂态数据是具有时间相关性的序列，属于时间序列数据，维度高且数据复杂。对于时间序列的聚类，聚焦在两个核心问题上：有效的降维和选择合适的相似度度量。然而，降维独立于聚类准则进行，可能造成长时间相关性的潜在损失以及相关特征的丢失；在没有适当降维的情况下，良好的相似性度量可能不足以获得最佳的聚类结果。因此，一个有效的潜在表示和一个可以集成到学习结构中的相似性度量对于实现高聚类精度至关重要。最近，对静态数据聚类方法的研究，通过联合优化用于特征提取的堆叠式自动编码器和用于聚类的 k-means 目标实现了优异的性能[71-73]。虽然这些方法是为静态数据设计的，但也可推广用于时间序列的聚类。

本章提出基于 1D-CNN 和 LSTM 的深度时间聚类方法，将用于特征提取的卷积自动编码器和用于聚类的目标进行联合优化，同时改进聚类分布和特征表示，并进行实验验证。

5.1 基于 1D-CNN 和 LSTM 的深度时间聚类方法

考虑时间序列数据集 $X=\{x_1, x_2, \cdots, x_m\}$，包含 m 个未标记序列。我们的目标是基于 X 的潜在高级特征对这 m 个未标记序列进行无监督聚类，

将其聚类为 k 个簇，$k \leqslant m$。基于 1D-CNN 和 LSTM 的深度时间聚类（Deep Temporal Clustering，DTC）框架如图 5.1 所示，输入信号由卷积自动编码器和 LSTM 编码到潜在空间，卷积自动编码器和 LSTM 构成时间自动编码器（Temporal Autoencoder，TAE）。LSTM 的潜在表示随后被提供给时间聚类层（第 5.1.2 节），生成聚类分布。

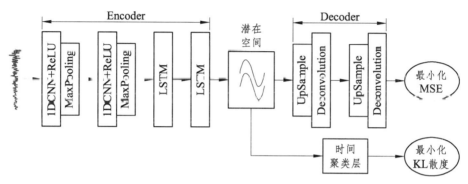

图 5.1　基于 1D-CNN 和 LSTM 的深度时间聚类框架

5.1.1　有效的潜在表示

有效的潜在表示是时间序列聚类的一个关键方面。本书使用图 5.1 所示的时间自动编码器 TAE 来实现。网络体系结构的第一级由两个堆叠的 1DCNN-ReLU-池化块组成，1D 卷积层提取输入序列的关键局部特征，然后是长度为 p 的最大池化层，计算输入特征映射上的局部最大值，通过下采样去除相邻特征存在的冗余，选取校正线性单元（ReLU）作为激活函数。第一级将时间序列转换为更紧凑的表示形式，同时保留大部分相关信息。这种降维对于进一步处理至关重要，以避免可能导致性能差的长序列。然后将第一级激活送到第二级（LSTM）以获得潜在表示。

最后，聚类层将序列 x_i（$i = 1, 2, \cdots, m$）的 LSTM 潜在表示分配给各簇。一维 CNN 和 LSTM 中的学习由两个损失函数的交替最小化驱动。第 1 个损失函数由 LSTM 潜在表示的输入序列重构的均方误差（MSE）提供，保证经过第 1、2 级的降维之后，序列仍然能够很好地表示。重建由大小为 p 的上采样层和反卷积层提供，以获得自动编码器输出。第 2 个损失函数由第 3 级的聚类度量（如 KL 散度，见下文）提供，以保证由簇质心定义的子空间的高阶特征确实将序列 x_i（$i=1, 2, \cdots, m$）分离为具有不同时空行为的 k 个簇。聚类度量优化修改 LSTM 和 CNN 中的权重。最终，LSTM 编码的高阶特征将序列最优地分离成簇，从而分离出 X 的时空流形。

本方法的优点在于：

（1）针对重建损失和聚类损失这两个目标的端到端优化能够有效地提取最适合将输入序列划分为类别（聚类）的时空特征，即分解输入的复杂高维流形。这与传统方法不同，在传统方法中，降维（如 PCA 或堆叠自动编码器）仅优化重建，而聚类仅优化分离。这导致在传统方法中，在不适合使数据更可分离的潜在特征空间中进行分离。相对于非联合优化的降维和聚类，使用端到端优化在无监督分类方面有显著的改进。放弃初始降维，将传统的聚类方法（如 k-means、dbscan、t-SNE）直接应用于时间序列数据 X，通常会导致严重的过拟合和性能差。

（2）不仅提供了有效的端到端优化，而且利用 LSTM 在时序建模的优势，在潜在表示中提取和编码了时间序列数据 X 所有时间尺度上的信息特征。

5.1.2 时间聚类层

时间聚类层由 k 个质心 μ_j（$j=1, 2, \cdots, k$）组成。为了初始化这些聚类质心，首先预训练 TAE，获得输入 x_i 的潜在特征 z_i，然后，在特征空间 Z 中通过相似性度量对 z_i 执行层次聚类，划分为 k 个簇，并计算簇中元素的均值得到初始质心 μ_j（$j=1, 2, \cdots, k$）。

1. 聚类准则

在获得质心 μ_j 的初始估计之后，使用以下交替进行的无监督算法来训练时间聚类层。

首先，计算属于簇 j 的输入 x_i 的概率分布。输入 x_i 的潜在表示 z_i 越

接近质心 μ_j，x_i 属于簇 j 的概率越高。

其次，使用损失函数来更新质心，该损失函数使用目标分布 P[（式 5.2）]最大化高置信度赋值（在后面的章节中讨论）。

2. 聚类分布

当 z_i 被输入到时间聚类层时，采用与 Junyuan Xie[72]类似的方法，以 Student 的 t 分布作为内核来衡量输入 x_i 的潜在表示 z_i 向量和聚类质心 μ_j 向量的相似性，计算聚类分布概率 q_{ij} 如下：

$$q_{ij} = \frac{(1 + \mathrm{siml}(z_i, \mu_j)/\alpha)^{-\frac{\alpha+1}{2}}}{\sum_{j'=1}^{k} (1 + \mathrm{siml}(z_i, \mu_{j'})/\alpha)^{-\frac{\alpha+1}{2}}} \tag{5.1}$$

式中　q_{ij}——x_i 分配给类别 j 的可能性；

$z_i \in Z$；

μ_j——预训练 TAE 学习到的向量表示的 k-means 初始化质心；

α——t 分布的自由度，在无监督学习环境下，根据 Maaten & Hinton 的建议[111]设置 $\alpha=1$；

$\mathrm{siml}()$——时间相似性度量，用于计算潜在表示信号 z_i 和质心 μ_j 之间的距离。

3. 聚类损失计算

在获得聚类结果分布 Q 后，接下来的目标是通过学习高置信度赋值来优化数据表示。也就是说，使数据表示更接近聚类中心，从而提高聚类的内聚性。为此，计算目标分布 P 如下：

$$p_{ij} = \frac{q_{ij}^2 / f_j}{\sum_{j'=1}^{k} q_{ij}^2 / f_{j'}} \tag{5.2}$$

式中 $f_j = \sum_{i=1}^{m} q_{ij}$。在目标分布 P 中，Q 中的每一个赋值都被平方并归一化，使赋值具有更高的置信度。使用 KL 散度度量聚类结果分布 Q 和目标分布 P 之间的差异，将时间聚类层的训练目标设定为最小化 Q 和 P 之间的 KL 散度损失，目标函数设定如下：

$$L = \mathrm{KL}(P \| Q) = \sum_{i=1}^{n} \sum_{j=1}^{k} p_{ij} \log \frac{p_{ij}}{q_{ij}} \qquad (5.3)$$

将时间聚类层的训练目标设定为最小化 Q 和目标分布 P 之间的 KL 散度，可以同时改进聚类分布和特征表示。

4. 优　化

本算法采用分别最小化 KL 散度损失和均方误差损失来执行聚类和自动编码器的批量联合优化。这个优化问题具有挑战性，并且聚类质心的有效初始化非常重要。聚类质心反映了数据的潜在表示，为了确保初始质心很好地表示数据，必须首先预训练自动编码器的参数，以从有意义的潜在表示开始。预训练后，通过层次聚类初始化聚类中心，并在所有数据点的潜在特征上进行完整链接。接着，使用带有动量的随机梯度下降（SGD）联合优化聚类中心 $\{\boldsymbol{\mu}_j\}$ 和自动编码器 TAE 权重，在每次 SGD 更新期间使用等 L 相对于各个数据点的潜在特征 z_i 和各个聚类质心 $\boldsymbol{\mu}_j$ 的梯度更新目标分布 P。

联合优化有助于防止任何有问题的解决方案偏离原始输入信号太远。由于原始信号的重构（重构 MSE 最小化）是目标的一部分，因此潜在表示将收敛于合适的表示，以最小化聚类损失和 MSE 损失。

5.2　实验设计与结果分析

5.2.1　网络训练和参数初始化

两个卷积层的滤波器数目分别为 32、16，长度均为 9，2 个池化层的长度的设置与数据集序列步长有关，通常设置为使得潜在表示大小低于

100 以加快实验，两个 LSTM 的单元数目分别为 32、1。反卷积层的核尺寸为 10。所有权重初始化为零均值高斯分布，标准偏差为 0.01。自动编码器网络是预训练的，使用 Adam 优化器，迭代次数为 10。整个网络结构以聚类和自动编码器损失联合训练，直到满足聚类分布变化 0.1%的收敛准则。对于网络的预训练和端到端微调，起始学习速率设置为 0.1。

5.2.2 数值实验

本书进行了两部分的数值实验，第 1 部分数值实验利用了一些公开的 UCR 时间序列分类存档数据集[112]检验本算法的有效性；第 2 部分数值实验采用现场实测数据来测试时间序列聚类的效果（现场实测数据样本预处理过程如 3.3.2 节所述）。数据集信息见表 5.1，它列举了这些数据集的属性：样本数量 N、每个序列的时间步长 L、类别数 C。本研究的目标为聚类，使用这些数据集作为未标记数据，因此将所有 UCR 数据集的训练和测试数据集结合起来，用于本研究中的所有实验。与 k-means、动态时间规整 DTW 两种聚类方法进行了比较，验证本算法的聚类性能。

表 5.1　不同聚类方法的 Precise 结果

数据集(N，L，C)	DTC (EUCL)	DTC (CID)	DTC (COR)	k-means	DTW
现场实测数据(2080, 2000, 5)	0.864	0.852	0.857	0.812	0.791
BeetleFly(40, 512, 2)	0.675	0.575	0.575	0.650	0.600
CBF(930, 128, 3)	0.674	0.616	0.616	0.600	0.433
Coffee(56, 286, 2)	0.625	0.576	0.611	0.614	0.543
ECG200(200, 96, 2)	0.760	0.725	0.740	0.750	0.730
ECGFiveDays(884, 136, 2)	0.621	0.615	0.609	0.609	0.632
GunPoint(200, 150, 2)	0.549	0.587	0.500	0.560	0.560
ItalyPowerDemand(1096, 24, 2)	0.582	0.573	0.521	0.552	0.597

数据集(N, L, C)	DTC (EUCL)	DTC (CID)	DTC (COR)	k-means	DTW
OliveOil(60, 570, 4)	0.617	0.487	0.457	0.605	0.500
SonyAIBORobotSurface1(621, 70, 2)	0.733	0.734	0.715	0.700	0.700
SonyAIBORobotSurface2(980, 65, 2)	0.814	0.802	0.817	0.801	0.741
Earthquakes(461, 512, 2)	0.618	0.798	0.521	0.546	0.508

在实验中 DTC 算法分别考虑了三种相似性度量：① 基于欧几里得的相似性（Euclidean Based Similarity，EUCL）；② 复杂度不变距离（Complexity Invariant Distance，CID）；③ 基于相关的相似性（Correlation Based Similarity，COR）。

实验采用外部指标 Precise 作为评估指标，使用数据集中的标签作为分类器来衡量模型的性能。Precise（P）定义为

$$P = \sum_{j=1}^{C} \frac{|C_j|}{N} \times \max_{i=1,2,\cdots,k} p(L_i, C_j) \tag{5.4}$$

式中　$p(L_i, C_j) = \dfrac{|L_i \cap C_j|}{|C_j|}$；

N——时间序列的总个数；

C——簇的个数；

k——真实类别标签个数；

L_i——簇中原始标签为 i 的时间序列集；

C_j——第 j 个簇；

$|\cdot|$——统计时间序列的数量。

表 5.1 中详细比较了采用 3 种不同相似性度量的 DTC 和两种基线聚类技术在现场实测数据集、UCR 数据集上的 Precise 指标。可以看到，DTC 算法能够提高大部分数据集的聚类性能。

5.2.3 聚类过程可视化

图 5.2 可视化了实测暂态数据集在训练期间的潜在表示的数据分布。将 t-SNE 应用于潜在表示进行可视化处理。图 5.2（a）～（d）分别是迭代次数为 0、20、40、60 时潜在表示的散度分布图。显然，图 5.2（a）中类间边界模糊，图 5.2（d）中类间边界清晰，随着迭代次数的增加，这些集群正变得越来越分离。

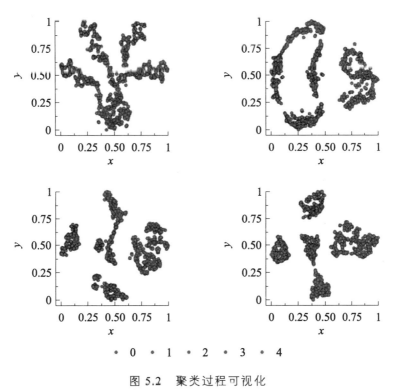

图 5.2　聚类过程可视化

注：请扫描本章末二维码获取彩图。

5.2.4 集群数量

到目前为止，假设给定自然簇的数量是为了简化算法之间的比较。然而，在实践中，这个数量往往是未知的。因此，需要一种确定最佳聚类数的方法。为此，定义了两个度量：

（1）归一化互信息（*NMI*），用于评估不同聚类数的聚类结果。

$$NMI(\boldsymbol{L},\boldsymbol{C}) = \frac{I(\boldsymbol{L},\boldsymbol{C})}{\frac{1}{2}[H(\boldsymbol{L})+H(\boldsymbol{C})]} \qquad （5.5）$$

式中　$\boldsymbol{L}$——真实类别标签集；

　　　$\boldsymbol{C}$——簇类别标签集；

　　　I——互信息度量；

　　　H——熵。

（2）广义性（*Gen*），定义为训练和验证损失之间的比率：

$$Gen = \frac{L_{train}}{L_{validation}} \qquad （5.6）$$

当训练损失低于验证损失时，*Gen* 小，这表明模型高度过拟合。

图 5.3 显示了当聚类数从 4 增加到 5 时，*Gen* 急剧下降，这表明 4 是最佳聚类数。聚类数为 4 对应的 *NMI* 分数最高，这表明 *Gen* 是选择聚类数的一个良好指标。*NMI* 最高对应的聚类数为 4，而不是 5，从对实测数据波形的分析来看，其中牵引工况类别的信号与弓网电弧类别的信号在波形上比较相似，模型认为它们应该形成一个集群，这与两种类别波形目测检查的结果非常吻合。

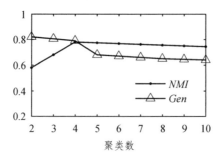

图 5.3　不同聚类数下的 *NMI* 与 *Gen*

本章小结

本章针对未标记的实测数据，提出了基于 1D-CNN 和 LSTM 的深度时间聚类方法，采用联合优化用于特征提取的卷积自动编码器和用于聚类的目标的方式实现了优异的聚类性能，并在不同数据集上进行了实验测试其聚类的效果。

第 5 章彩图

牵引供电系统行波传播特性

本章针对全并联 AT 牵引供电系统，首先建立 AT 自耦变压器的电磁暂态模型，然后结合线路相模变换解耦，将行波分解为同向模量和反向模量，解析计算同向模量在并联连接处的波过程，分析行波各模量的传播特性，并进行仿真验证分析。

6.1 AT 供电专用自耦变压器的电磁暂态建模

在 AT 供电系统中，自耦变压器的使用不但可以大大降低牵引供电系统中的电压损失，保证动车组负荷的供电质量，还可以降低对通信线路的干扰，是其中的关键设备。在电气化铁路这一特殊环境下，自耦变压器漏阻抗对其防通信干扰性能及增压效果影响很大，漏阻抗越低，自耦变压器的防干扰、增压效果越好。根据 TB/T 2888—2010 标准[47]规定，AT 供电专用自耦变压器的短路阻抗为 0.45 Ω、0.9 Ω、1.8 Ω（折算至 27.5 kV 侧）。综合各方面因素，一般选 0.45 Ω，可以很好地满足 AT 供电系统的要求，与常规电力变压器的短路阻抗相比，这是一个相对较小的值。

在行波暂态量的研究中，对于线路边界存在变压器等电感性质元件的通常做法是将线路末端边界近似视为一电感元件，含丰富高频成分的电压行波在线路末端近似于开路[43]。对于低漏抗的自耦变压器来说，近似于开路可能造成较大的误差。同时，高频下自耦变压器绕组的杂散参数将起作用。因此，对自耦变压器进行合理的电磁暂态建模至关重要。

由于故障行波频率范围较大，当频率较高时，行波信号的高频部分（几十千赫兹至几百千赫兹）的计算与雷电过电压一样，也需要考虑绕组对地以及绕组间的电容。针对行波暂态量的研究，考虑电容特性的 AT 专用自耦变压器电磁暂态模型如 2.4.2 节图 2.12 所示，此处不再赘述。

变压器电磁暂态模型 BCTRAN[101]采用回路阻抗矩阵来描述，将变压器各绕组视为一组相互耦合的电感，构建变压器的等值电路模型。图 6.1 所示为单相变压器的 BCTRAN 结构和参数。绕组之间的关系通过 2 个多相耦合 PI 型电路（电容为 0）来表示。第一个多相耦合 PI 型电路表示励磁支路，电路参数为电阻 R_m，无电感。第二个 PI 型电路的绕组电阻矩阵为[R]，绕组电感矩阵为[ωL]或[ωL^{-1}]，矩阵阶数等于绕组个数。在暂态计算中，单相变压器用如下阻抗方程表示：

$$u = Ri + L\frac{\mathrm{d}i}{\mathrm{d}t} \tag{6.1}$$

也可采用导纳矩阵表示：

$$\frac{\mathrm{d}i}{\mathrm{d}t} = L^{-1}u - L^{-1}Ri \tag{6.2}$$

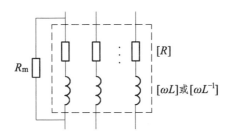

图 6.1　单相变压器的 BCTRAN 模型结构

对于 AT 自耦变压器，将其高压-中压（P-S）、中压-低压（S-N）绕组视为两耦合线圈，如果不考虑电阻，且假定励磁电阻 R_m 很大，导纳矩阵[L^{-1}]有如下形式：

$$\frac{\mathrm{d}}{\mathrm{d}t}\begin{bmatrix} i_\mathrm{P} \\ i_\mathrm{S} \end{bmatrix} = \boldsymbol{L}^{-1}\begin{bmatrix} u_\mathrm{PS} \\ u_\mathrm{SN} \end{bmatrix} = \begin{bmatrix} d_1 & -d_1 \\ -d_1 & d_2 \end{bmatrix}\begin{bmatrix} u_\mathrm{PS} \\ u_\mathrm{SN} \end{bmatrix} \tag{6.3}$$

式中 i_P，i_S——线圈电流；

  u_PS，u_SN——线圈电压。

由于两线圈匝数相同，绕组间耦合的互阻抗与自阻抗基本相近，导纳矩阵中的元素 $d_1 \approx d_2$。

为后续行波模量波过程的解析，在此按照全并联 AT 供电的连接方式及上述的自耦变压器电磁暂态模型，利用式（6.3）列出并联于牵引线路中的自耦变压器的节点导纳矩阵的运算微积形式，p 为运算算子，暂不考虑自耦变压器的电容特性。

$$\boldsymbol{Y}_\mathrm{AT} = \frac{1}{p}\begin{bmatrix} d_1 & -2d_1 & d_1 \\ -2d_1 & 3d_1 + d_2 & -(d_1 + d_2) \\ d_1 & -(d_1 + d_2) & d_2 \end{bmatrix} \tag{6.4}$$

6.2　牵引供电线路行波特性分析

6.2.1　相模变换

全并联 AT 牵引供电系统上下行接触网并行送电，结构紧凑，不仅相间存在耦合，上下行线路间也存在耦合，故障分析时需要对上下行双回线进行解耦计算。对于各相行波之间存在的电磁耦合，根据模式传输理论，进行相量和模量的变换。进行相模变换后的波动方程为

$$\begin{cases} \dfrac{\mathrm{d}^2 \boldsymbol{u}_\mathrm{m}}{\mathrm{d}x^2} = \boldsymbol{T}_u^{-1}\boldsymbol{ZYT}_u\boldsymbol{u}_\mathrm{m} = \boldsymbol{Z}_\mathrm{m}\boldsymbol{Y}_\mathrm{m}\boldsymbol{u}_\mathrm{m} = \boldsymbol{\gamma}_u^2\boldsymbol{u}_\mathrm{m} \\ \dfrac{\mathrm{d}^2 \boldsymbol{i}_\mathrm{m}}{\mathrm{d}x^2} = \boldsymbol{T}_i^{-1}\boldsymbol{YZT}_i\boldsymbol{i}_\mathrm{m} = \boldsymbol{Y}_\mathrm{m}\boldsymbol{Z}_\mathrm{m}\boldsymbol{i}_\mathrm{m} = \boldsymbol{\gamma}_i^2\boldsymbol{i}_\mathrm{m} \end{cases} \tag{6.5}$$

式中 $\boldsymbol{u}_\mathrm{m}$，$\boldsymbol{i}_\mathrm{m}$——模量上的电压和电流列向量；

  $\boldsymbol{Z}$，$\boldsymbol{Y}$——单位长度线路相量形式下的阻抗矩阵和导纳矩阵；

  $\boldsymbol{Z}_\mathrm{m}$，$\boldsymbol{Y}_\mathrm{m}$——线路的模阻抗矩阵和模导纳矩阵；

γ_u^2，γ_i^2——模电压和电流分量波动方程的传播系数矩阵，为对角阵。

有文献[99]证明，采用式（6.6）：

$$T_i = T_u^{-T} \tag{6.6}$$

对 ZY 和 YZ 进行相似变换，都能使之对角化，有 $\gamma_u^2 = \gamma_i^2 = \gamma^2$。

理论上，线路参数矩阵随计算频率变化而变化，但相关研究[99]表明，只要频率不小于 50 Hz，相模变换矩阵基本上和频率无关。因此，进行线路解耦变换时可采用不随频率改变的变换矩阵，在此计算频率取 5 kHz，电流相模变换矩阵如式（6.7）所示（线路参数见图 2.8 和附录 A 表 A1）。

$$T_i = \begin{bmatrix} 0.128\,7 & 0.374\,4 & 0.550\,1 & -0.047\,7 & -0.294\,0 & -0.665\,5 \\ 0.692\,4 & -0.353\,5 & -0.151\,0 & -0.704\,5 & 0.134\,5 & 0.058\,5 \\ 0.063\,8 & 0.484\,7 & -0.417\,9 & -0.037\,1 & -0.628\,9 & 0.231\,6 \\ 0.128\,7 & 0.374\,4 & 0.550\,1 & 0.047\,7 & 0.294\,0 & 0.665\,5 \\ 0.692\,4 & -0.353\,5 & -0.151\,0 & 0.704\,5 & -0.134\,5 & -0.058\,5 \\ 0.063\,8 & 0.484\,7 & -0.417\,9 & 0.037\,1 & 0.628\,9 & -0.231\,6 \end{bmatrix} \tag{6.7}$$

由于牵引供电系统上下行线路的对称性，电流相模变换矩阵具有如下形式：

$$T_i = \begin{bmatrix} M & N \\ M & -N \end{bmatrix} \tag{6.8}$$

其中

$$\begin{cases} M = \begin{bmatrix} 0.128\,7 & 0.374\,4 & 0.550\,1 \\ 0.692\,4 & -0.353\,5 & -0.151\,0 \\ 0.063\,8 & 0.484\,7 & -0.417\,9 \end{bmatrix} \\ N = \begin{bmatrix} -0.047\,7 & -0.294\,0 & -0.665\,5 \\ -0.704\,5 & 0.134\,5 & 0.058\,5 \\ -0.037\,1 & -0.628\,9 & 0.231\,6 \end{bmatrix} \end{cases}$$

因此，相模变换关系可以表示为如下形式：

$$\begin{bmatrix} i_{\mathrm{I}} \\ i_{\mathrm{II}} \end{bmatrix} = \begin{bmatrix} M & N \\ M & -N \end{bmatrix} \begin{bmatrix} i_{\mathrm{mC}} \\ i_{\mathrm{mD}} \end{bmatrix} \tag{6.9}$$

存在如下关系：

$$\begin{cases} \dfrac{i_{\mathrm{I}} + i_{\mathrm{II}}}{2} = M i_{\mathrm{mC}} \\ \dfrac{i_{\mathrm{I}} - i_{\mathrm{II}}}{2} = N i_{\mathrm{mD}} \end{cases} \tag{6.10}$$

式中，$i_{\mathrm{I}} = [i_{\mathrm{IT}}\ i_{\mathrm{IR}}\ i_{\mathrm{IF}}]^{\mathrm{T}}$，$i_{\mathrm{II}} = [i_{\mathrm{IIT}}\ i_{\mathrm{IIR}}\ i_{\mathrm{IIF}}]^{\mathrm{T}}$，$i_{\mathrm{mC}} = [i_{\mathrm{mC0}}\ i_{\mathrm{mC1}}\ i_{\mathrm{mC2}}]^{\mathrm{T}}$，$i_{\mathrm{mD}} = [i_{\mathrm{mD0}}$ $i_{\mathrm{mD1}}\ i_{\mathrm{mD2}}]^{\mathrm{T}}$。式中电流相量的下标 I、II 表示上下行线路，T、R、F 表示接触线、钢轨、正馈线。电流模量表示为同向模量和反向模量的形式，用同向模量和反向模量表示可实现上下行两回线路间的解耦，下标 C、D 表示同向量、反向量，同向量、反向量的 0 模、1 模、2 模用下标 0、1、2 表示。

对于电压行波而言，也同样存在如下关系：

$$\begin{bmatrix} u_{\mathrm{I}} \\ u_{\mathrm{II}} \end{bmatrix} = T_u \begin{bmatrix} u_{\mathrm{mC}} \\ u_{\mathrm{mD}} \end{bmatrix} = \begin{bmatrix} P & Q \\ P & -Q \end{bmatrix} \begin{bmatrix} u_{\mathrm{mC}} \\ u_{\mathrm{mD}} \end{bmatrix} \tag{6.11}$$

式中，$u_{\mathrm{I}} = [u_{\mathrm{IT}}\ u_{\mathrm{IR}}\ u_{\mathrm{IF}}]^{\mathrm{T}}$，$u_{\mathrm{II}} = [u_{\mathrm{IIT}}\ u_{\mathrm{IIR}}\ u_{\mathrm{IIF}}]^{\mathrm{T}}$，$u_{\mathrm{mC}} = [u_{\mathrm{mC0}}\ u_{\mathrm{mC1}}\ u_{\mathrm{mC2}}]^{\mathrm{T}}$，$u_{\mathrm{mD}} = [u_{\mathrm{mD0}}\ u_{\mathrm{mD1}}\ u_{\mathrm{mD2}}]^{\mathrm{T}}$。并且有如下关系：

$$\begin{cases} \dfrac{u_{\mathrm{I}} + u_{\mathrm{II}}}{2} = P u_{\mathrm{mC}} \\ \dfrac{u_{\mathrm{I}} - u_{\mathrm{II}}}{2} = Q u_{\mathrm{mD}} \end{cases} \tag{6.12}$$

其中，矩阵 $P = M^{-\mathrm{T}}/2$、$Q = N^{-\mathrm{T}}/2$。

6.2.2　同向量和反向量行波特性分析

如前所述，全并联 AT 牵引供电方式中上下行线路在 AT 处通过横连线进行并联连接，上下行共用自耦变压器。根据式（6.10）、（6.12），可将全并联的牵引供电线路分解为同向模量网络和反向模量网络，图 6.2 所示为将牵引供电系统发生单相接地故障下的故障分量网络分解成为同向模量网络和反向模量网络，图中 TS 为牵引变电所出口处，由于篇幅有限，图中略去了供电臂末端的 AT3。图 6.3 给出了同向模量、反向模量的行波网格。

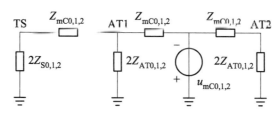

（a）同向模量网络

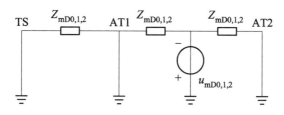

（b）反向模量网络

图 6.2　故障分量网络分解

根据线路两端的边界条件，$u_{\text{I}}=u_{\text{II}}$，反向模量 $u_{\text{mD}}=0$，反向模量网络在并联连接处的电压为零，相当于对地等效阻抗为零，可视为直接接地。而同向模量在并联连接处的阻抗增加 1 倍，为故障分量网络的对地等效阻抗的 2 倍。

故障行波到达并联连接处，由于反向模量在并联连接处对地等效阻抗为零，电压行波反向模量发生负的全反射，电压行波折射系数 $\alpha_{\text{u}}=0$，反射系数 $\beta_{\text{u}}=-1$；电流行波反向模量 i_{mD} 在并联连接处发生正的全反射，电流增加一倍，电流行波折射系数 $\alpha_i=2$，反射系数 $\beta_i=1$，并联连接处的 i_{mD} 模分量为入射波和反射波的叠加（在节点处的电压、电流折反射系数的推导参见文献[44]）。

显然，故障行波的反向模量只在发生故障的区段内折反射，不能越过 AT 进入另一区段。

对于同向模量而言，同向模量在并联连接处的对地等效阻抗决定了其行波的折反射。在线路首端、中间存在呈电感性质的牵引变压器、自耦变压器。同时，高频下变压器绕组的杂散电容将起作用，线路边界呈现电感或电容性质将影响行波波头的形状。下文将针对同向模量在并联连接处的波过程展开具体分析。

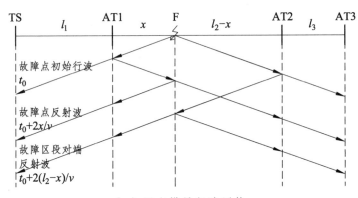

（a）同向模量行波网格

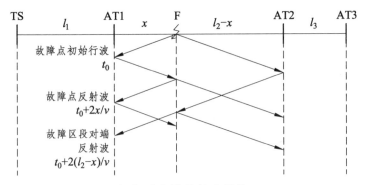

（b）反向模量行波网格

图 6.3 行波网格

6.2.3　同向模量在并联连接处的波过程解析

同向模量在并联连接处的波过程较为复杂，在此，采用广义彼德逊法则来分析计算同向模量在并联连接处的波过程。彼德逊法则是一种为了简化分布参数电路波过程的计算，采用集总等效电路来计算波在节点的折、反射的等效电路法则。此法则也可推广用于多条不同传输线连接于同一节点的网络，称为广义彼德逊法则。图 6.4（a）所示为模分量的传输线路，并联连接处为节点 X，线路 1、2 为并联连接处两侧线路，由于并联连接处两端牵引线路参数相同，波阻抗均为 Z_C，Z_X 为模分量在节点 X 处的对地阻抗。假设入射到 X 点的电压波为 u_{1X}，u_{2X}，从节点 X 反射和折射到各条线路的电压波为 u_{X1}，u_{X2}。约定流向节点为电流的正方向，根据节点的边界条件，有

$$\begin{cases} u_X = u_{X1} + u_{1X} = u_{X2} + u_{2X} \\ i_X = (i_{X1} + i_{1X}) + (i_{X2} + i_{2X}) \end{cases} \tag{6.13}$$

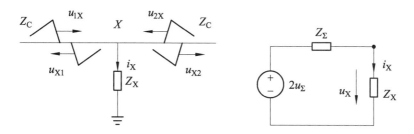

图 6.4　模分量的传输线路及等值电路

将电流波用电压波表示，有

$$i_{1X} = \frac{u_{1X}}{Z_C}, i_{X1} = -\frac{u_{X1}}{Z_C}, i_{2X} = \frac{u_{2X}}{Z_C}, i_{X2} = -\frac{u_{X2}}{Z_C} \tag{6.14}$$

将以上关系式整理可得

$$2u_\Sigma = u_X + Z_\Sigma i_X \tag{6.15}$$

其中

$$\begin{cases} Z_\Sigma = \dfrac{Z_C}{2} \\ u_\Sigma = \dfrac{u_{1X} + u_{2X}}{2} \end{cases}$$

式中　　Z_Σ——等值波阻抗；

u_Σ——沿着线路入射到节点 X 的等值电压波。

由此，得到图 6.4（b）所示的集总参数等值电路。

应用图 6.4（b）所示的等值电路可计算得出各模分量在并联连接处的波过程。对于行波各模分量，其 Z_X 各不相同，各模分量在并联连接处的折反射过程也就不同。

各模分量的 Z_X 可由相域的导纳矩阵经相模变换后求逆计算得到。按照图 2.7 全并联 AT 供电的连接方式及上述的自耦变压器节点导纳矩阵可得并联连接处相域形式的节点导纳矩阵为

$$Y_{ph} = A + Y_{AT} \tag{6.16}$$

其中

$$A = \begin{bmatrix} 0 & 0 & 0 \\ 0 & g_r & 0 \\ 0 & 0 & 0 \end{bmatrix}$$

g_r 为钢轨接入综合接地系统的等值导纳，$g_r = 1/R_r$（R_r 通常较小，10Ω 左右），暂不考虑自耦变压器绕组的杂散电容。

代入式（6.9）、（6.11），并结合式（6.8），经相模变换后得模量上的节点导纳矩阵：

$$Y_m = T_i^{-1} Y_{ph} T_i^{-T} \tag{6.17}$$

并考虑到 $d_1 \approx d_2$，得

$$Y_m \approx g_r \begin{bmatrix} 1.6 & -0.35 & -0.15 \\ -0.35 & 0.072 & 0.031 \\ -0.15 & 0.031 & 0.014 \end{bmatrix} + \frac{1}{p} \begin{bmatrix} 2.2d_1 & -3.8d_1 & -0.58d_1 \\ -3.8d_1 & 6.8d_1 & 1.0d_1 \\ -0.58d_1 & 1.0d_1 & 0.16d_1 \end{bmatrix}$$

$$(6.18)$$

对于同向模分量，式（6.18）中的第 1 个矩阵为电导矩阵，第 2 个为电纳矩阵，均为满阵，说明模 0、1、2 分量在并联连接处有不同程度的交叉透射。如不考虑交叉透射现象，从第 2 个矩阵的对角线元素可看出，模 0 分量的电导远大于其他 2 个分量，其对地电阻很小，可视为零。模 1 分量的电纳远大于模 2 分量，是模 2 分量的几十倍。模 0 分量的对地阻抗约为零；模 1 分量的对地阻抗以感性为主，取决于自耦变压器的参数；模 2 分量的对地电阻较大，其电感性相对较小，可忽略。

同向模分量在并联连接处的对地阻抗 $Z_X^{(i)}$（$i=0$，1，2）各不相同，则模分量在并联连接处的折反射过程也就不同。

模 1 分量的对地阻抗以感性为主，由图 6.4（b）所示的等值电路，可列出 X 点电压的运算微积形式为

$$U_X(p) = 2U_\Sigma(p) \frac{Z_X(p)}{Z_\Sigma(p) + Z_X(p)} \qquad (6.19)$$

对于短路故障分量行波而言，初始行波波头具有明显的阶跃特征，可用直角波表示，假设故障行波由线路 1 入射，则 $u_{1X}=E$，$u_{2X}=0$，$2U_\Sigma(p)=E/p$，$Z_X^{(1)}(p)=pL_e$，其中 L_e 为等效电感，$L_e=k/d_1$，k 为等值系数。

$$U_X(p) = \frac{E}{p} \cdot \frac{Z_X(p)}{\dfrac{Z_C}{2} + Z_X(p)} \qquad (6.20)$$

通过拉氏反变换可以得到模 1 分量 X 点电压的时域解

$$u_X^{(1)}(t) = Ee^{-t/\tau} \qquad (6.21)$$

式中　τ——时间常数，$\tau=2L_e/Z_C$。

可见，模 1 分量 X 点电压以指数规律衰减，初始值为行波波头幅值，

时间常数与线路波阻抗及自耦变压器的参数有关。

X 点电压的时域解代入式（6.13）、（6.14），可得线路 1、2 的折反射电压、电流波时域解，此处不赘述。

若入射到 X 点的电压波为一指数波，即 u_{1X} 如式（6.21），$u_{2X}=0$，则 $2U_\Sigma(p)=E/(p+1/\tau)$，代入式（6.19），拉氏反变换后，得到模 1 分量 X 点电压的时域解

$$u_X^{(1)}(t) = E(1 - t/\tau)\mathrm{e}^{-t/\tau} \tag{6.22}$$

模 0 分量的对地阻抗约为零，电压行波折射系数 $\alpha_u=0$，反射系数 $\beta_u=-1$，电压行波发生负的全反射，X 点电压模 0 分量约为零；电流行波折射系数 $\alpha_i=2$，反射系数 $\beta_i=1$，电流行波在并联连接处发生正的全反射，电流增加一倍。

模 2 分量的对地电阻较大，通常大于线路的波阻抗，如视为无穷的话，电压行波折射系数 $\alpha_u=1$，反射系数 $\beta_u=0$，电压行波在并联连接处只折射无反射。同样，电流行波折射系数 $\alpha_i=1$，反射系数 $\beta_i=0$，只折射无反射。

对于变电所出口处的同向模量，由于牵引变压器无低漏抗的要求，短路电抗一般较大，含丰富高频成分的行波可近似于开路。与上述解析方法类似，节点的边界条件有所不同，可推导得，模 0、1 分量的对地阻抗约为零，电压行波折射系数 $\alpha_u=0$，反射系数 $\beta_u=-1$，电压行波发生负的全反射；电流行波折射系数 $\alpha_i=2$，反射系数 $\beta_i=1$，电流行波在变电所出口处发生正的全反射，电流增加一倍。模 2 分量的对地电阻较大，近似于开路，电压行波折射系数 $\alpha_u=2$，反射系数 $\beta_u=1$，电压行波发生正的全反射，电压行波在边界产生与入射波极性相同的反射波，所测电压模 2 分量为入射波和反射波的叠加。

6.2.4　模量传播途径

由式（6.8）和式（6.9）可得各模分量在各相电流上的传播路径，如

图 6.5 所示。其中大地回路包括保护线、综合接地线和大地。同向 0 模分量按上下行线路的六相线路对大地或地线的途径传播，线路之间不构成回路，是以大地为回路的地中模量，简称地模或零模；其他模量是以导线为回路的空间模量，或称线模。同向 1、2 模分量不仅在上下行线路的各自三相上构成回路传播，也在上下行线路之间构成回路传播。电流行波的反向模分量完全在上下行线路之间构成回路传播，上下行线路内部不形成回路。由于牵引网线路不换位，是非平衡的，反向模 0 分量还和大地形成回路，反映上下行线路之间的零序耦合，称之为路模。

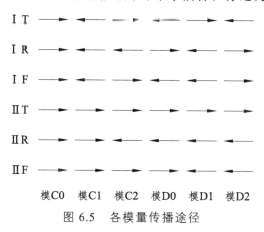

图 6.5 各模量传播途径

6.2.5 行波传播参数

反映行波传播特性的参数主要有波速度、衰减系数、相位系数及波阻抗等行波传播参数。

各模量的波阻抗表示为

$$Z_{\mathrm{m,C}} = \sqrt{\frac{Z_{\mathrm{m}}}{Y_{\mathrm{m}}}} \tag{6.23}$$

图 6.6 所示为不同频率下各个模量的波阻抗。

各模量的传播系数表示为

$$\gamma_{\mathrm{m}}(\omega) = \sqrt{Z_{\mathrm{m}}Y_{\mathrm{m}}} = \alpha_{\mathrm{m}}(\omega) + \mathrm{j}\beta_{\mathrm{m}}(\omega) \tag{6.24}$$

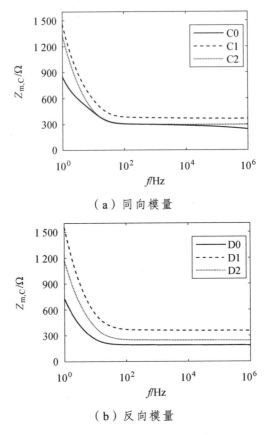

（a）同向模量

（b）反向模量

图 6.6　各模量波阻抗的频率特性

对于频率为 ω 的行波模分量，$\alpha_m(\omega)$ 描述了行波在传播过程中的幅度衰减特性，是衰减系数，$\beta_m(\omega)$ 描述了行波在传播过程中的相位滞后性质，是相位系数。

模量通道对行波的衰减可用式（6.25）计算：

$$A = e^{-\alpha_m(\omega)} \qquad (6.25)$$

式中　A——放大系数，恒大于 1 但小于 0；

　　　$\alpha_m(\omega)$——模量通道的衰减系数，是频率的函数；

　　　l——线路长度。

图 6.7 所示为不同频率下各个模量在传播 15 km 后的衰减情况。线

模通道的通频带很宽，线模行波波形几乎不会畸变，而地模通道的通频带较窄，约为 20 kHz。

模量波速定义为

$$v_{\mathrm{m}}(\omega) = \frac{\omega}{\beta_{\mathrm{m}}(\omega)} \qquad (6.26)$$

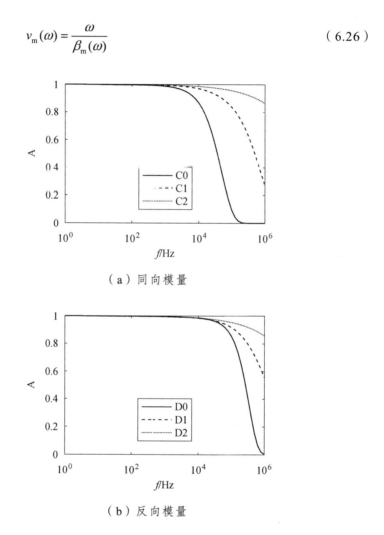

（a）同向模量

（b）反向模量

图 6.7　不同频率下各模量通道的衰减特性

对于某一模分量，其中各频率分量传播速度随频率降低而连续滞后的特性会使得该行波浪涌的波头部分在传播过程中变得越来越平缓。图

6.8 所示为不同频率下各个模量的波速。在行波信号的有效频带（几十千赫兹至几百千赫兹）内，线模波速随频率的变化很小，实际应用中可认为线模的波速为恒定。地模通道的波速随频率增大而急剧增大。

由于大地参数的频变特性远比导线本身的频变严重，理论上，通过相通道相减运算构造出来的线模通道部分抵消了大地参数频变的影响，而地模通道为通过相通道叠加构造出来的，包含大地参数，因此频变严重。

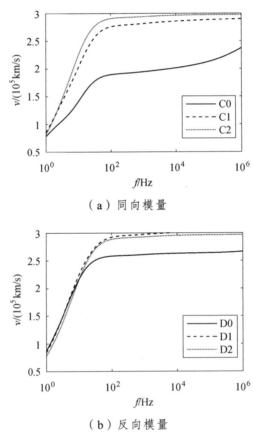

（a）同向模量

（b）反向模量

图 6.8　各模量波速的频率特性

牵引供电线路各模量的衰减系数、波速和波阻抗（5 kHz 频率下），见表 6.1。

表 6.1　各模分量的衰减系数、波速和波阻抗

模分量	$\alpha_m/$（10^{-3} nepers/km）	$v_m/$（10^5km/s）	$Z_{m,C}/\Omega$
同向模 0	4.500 4	1.954 0	293.68
同向模 1	1.142 0	2.912 0	188.35
同向模 2	0.706 7	2.978 6	360.43
反向模 0	0.724 0	2.621 5	364.38
反向模 1	0.835 6	2.956 9	293.14
反向模 2	0.758 1	2.977 9	241.99

由表可见，地模分量的衰减系数远大于线模分量，地模分量的相位速度远小于线模分量。各线模分量的衰减系数和相位速度相差不大，其中反向模 0 分量有部分流经大地回路，其相位速度略小于其他线模分量。显然，线模通道具有近似相同的传播特性，线模分量的衰减系数小且相位速度接近光速，利用线模分量进行行波测距更准确。

综上所述，造成行波浪涌的波头部分平缓的主要原因有线模通道与地模通道的波速上的差异，地模分量在不同频率下的不同衰减系数所致的幅值畸变以及不同的传播速度所致的相位畸变。

6.3　仿真验证及分析

本书以图 2.7 所示的 AT 牵引供电系统为例，基于实际工程参数在 EMTP 电磁暂态仿真平台上搭建仿真模型，进行仿真分析。仿真系统中，供电臂总长 45 km，中间设置 2 个 AT，将供电臂分为 3 段。自耦变压器的额定容量为 10 MV·A，空载损耗 5.0 kW，负载损耗 23.0 kW，空载电流 0.45%，短路电压 0.59%，归算至 27.5 kV 侧的短路电抗为 0.45 Ω。

6.3.1　各模量传播的仿真验证

在建立的仿真系统中，按照如下情况进行仿真分析：假设第 2 段线路距离 AT1 5.5 km 处上行线发生 TR 短路故障，故障阻抗 10 Ω，故障点、AT1、变电所出口处检测到的电压行波模量如图 6.9 所示，故障

点左侧线路、AT1 右侧线路、变电所出口处的检测到的电流行波模量如图 6.10 所示。

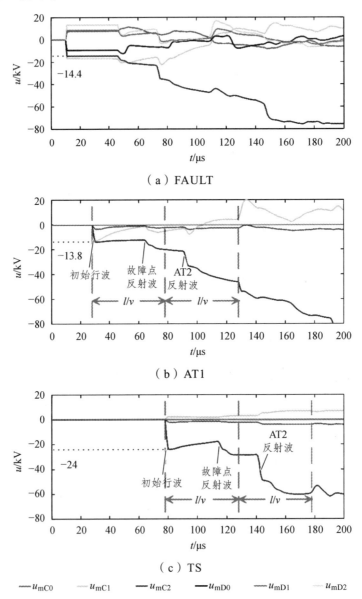

（a）FAULT

（b）AT1

（c）TS

—— u_{mC0}　—— u_{mC1}　—— u_{mC2}　—— u_{mD0}　—— u_{mD1}　—— u_{mD2}

图 6.9　故障点、AT1、变电所出口处的电压行波模量

注：请扫描本章末二维码获取彩图。

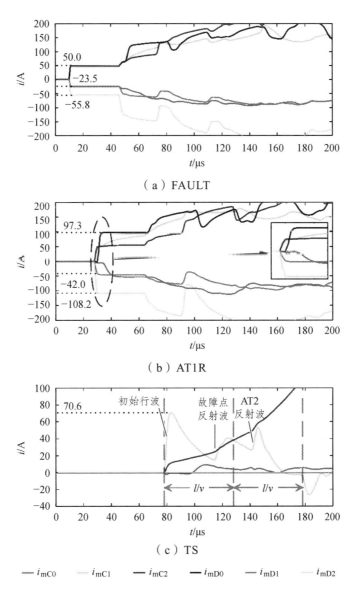

（a）FAULT

（b）AT1R

（c）TS

——i_{mC0} ——i_{mC1} ——i_{mC2} ——i_{mD0} ——i_{mD1} ——i_{mD2}

图 6.10　故障点左侧线路、AT1 右侧线路、变电所出口处的检测到的
电流行波模量

注：请扫描本章末二维码获取彩图。

由图 6.9 可知，AT1 并联连接处检测到的电压行波反向模量为 0，说
明反射波与入射波极性相反，幅值相等。电压行波同向模 0 分量也约为 0，

同向模 1 分量以指数规律衰减变化，同向模 2 分量幅值约 13.8 kV，略低于故障点电压行波幅值 14.4 kV，在 AT1 并联连接处的反射很小，基本无反射。

变电所出口处量测点 TS 的电压行波反向模量仍然为 0，显然故障行波的反向模量只存在于发生的故障区段，不会越过 AT 进入其他区段。电压行波同向模 0、1 分量也约为 0，反射波与入射波极性相反，幅值相近；同向模 2 分量幅值约 24 kV，约为 AT1 处幅值的 1.7 倍，如计入行波在线路上传播的损耗，该分量的反射波与入射波极性相同，幅值相近。

由图 6.10 可知，AT1 右侧线路量测点 AT1R 的电流反向模量初始行波波头幅值大约是故障点电流行波幅值的 2 倍，说明电流反向模量在 AT1 并联连接处的反射波与入射波极性相同，幅值基本相等。电流同向模 0 分量初始行波波头幅值与反向模量一样，也是故障点电流行波幅值的 2 倍；电流同向模 1 分量呈现由 0 逐渐以指数规律增大的趋势；电流同向模 2 分量幅值与故障点电流幅值相近，说明其在 AT1 并联连接处的反射很小，约为 0。

变电所出口处 TS 检测到的电流行波反向模量与电压行波一样，也为 0。电流同向模 1 分量的变化曲线与 AT1 处的电压相同，其初始值为 70.6 A，对于第 1 段线路，AT1 处的电压相当于入射波。

图 6.10 中的量测点 AT1R 各模量中，同向、反向模 1、2 分量同时到达，反向模 0 分量稍稍滞后，同向模 0 分量最后到达，滞后约 10 μs 且波头上升变缓，这种现象是由行波模量通道传播参数的差异所致。通过计算所得，同向模 0 分量相位速度远小于模 1、2 分量（或称为线模分量），衰减系数远大于线模分量，反向模 0 分量相位速度略小于线模分量。总的来说，线模通道具有近似相同的传播特性，衰减系数小且相位速度接近光速，因此，选择线模分量进行行波测距更准确。

6.3.2 自耦变压器对行波的影响分析

为验证前述 AT 并联连接处电压行波同向模 1 分量波过程解析计算方

法的有效性，将式（6.21）的解析计算结果与 EMTP 仿真结果进行对比。由前述的仿真结果，故障点电压行波同向模 1 分量幅值 16.8 kV，考虑在线路传播中的损耗，则入射的直角波 E=16 kV，由选用的自耦变压器参数及线路参数计算得出，等效电感 L_e=1.5 mH，同向模 1 分量波阻抗 Z_C=188 Ω，时间常数 τ=16 μs。图 6.11 中实线为式（6.21）的解析计算结果，其他线为仿真所得 AT1 电压行波同向模 1 分量波形，可见，解析结果与仿真所得行波初始波头波形基本吻合，说明前述波过程的解析计算方法是合适的。

改变自耦变压器的漏阻抗，分析自耦变压器的漏阻抗对行波形状的影响。图 6.11 中的仿真波形对应自耦变压器的短路电抗（归算至 27.5 kV 侧）分别为 0.45 Ω、0.9 Ω、4.5 Ω 时的 AT1 电压同向模 1 分量 u_{mC1}。由图 6.11 可知，u_{mC1} 初始波到波尾的衰减与 AT 的短路电抗有关，AT 的短路电抗越低，波尾的衰减越快，短路电抗为 4.5 Ω 时，初始波头基本不衰减。表 6.2 列出了不同短路电抗下 u_{mC1} 的初始波头的衰减时间常数，时间常数与 AT 的短路电抗基本成正比。显然，在使用低漏抗的自耦变压器的牵引供电系统中，不能简单地将自耦变压器绕组看作开路，认为自耦变压器对行波不造成影响。

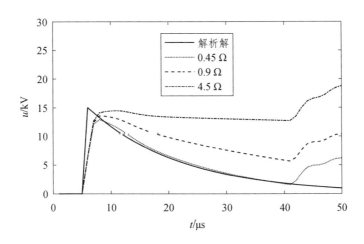

图 6.11　AT1 处 u_{mC1} 的解析解及不同短路电抗下的仿真波形

表 6.2　不同短路电抗下 u_{mC1} 的衰减时间常数

AT 的短路电抗/Ω	时间常数/μs
0.45	15.6
0.9	34.7
4.5	168.6

　　高频下自耦变压器绕组的杂散参数将起作用，需要考虑自耦变压器绕组对地以及绕组间的电容对行波的影响。绕组电容对行波波头的影响如图 6.12 所示，由图可见，绕组对地电容对电流行波波头影响较大，电流行波波头出现尖峰，尖峰的存在对于测距装置识别波头存在一定程度的干扰，绕组对地电容使电压行波波头的上升变缓，斜率降低。因此，选用电压行波进行测距效果较好。

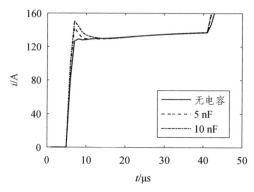

（a）对电流行波的影响

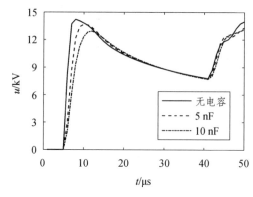

（b）对电压行波的影响

图 6.12　绕组电容对行波波头的影响

6.3.3 对比故障发生在不同区段时的行波

为了分析在变电所出口处所测得的电压、电流行波所含故障信息与发生故障的区段的映射关系，在第 1、2、3 区段线路距离段首端 5.5 km 处，对上行线发生 TR 短路故障的 3 种情况分别进行仿真。

图 6.13 对比了故障发生在第 1、2、3 段时，在变电所出口处量测的电流行波同向模 1 分量 i_{mC1} 初始波到浪涌。由图可知，当故障发生在第 1 段时，变电所出口处的 i_{mC1} 初始波到浪涌为直角波；发生在第 2 段时，i_{mC1} 以指数规律衰减，其变化规律与入射波为直角波时 AT1 并联连接处的电压相同，如式（6.21）；发生在第 3 段时，i_{mC1} 的波尾衰减更快，其变化规律与入射波为指数波时 AT1 并联连接处的电压相同，如式（6.22）。在经过 2 个低漏抗的自耦变压器后到达变电所出口处的过程中，故障行波到达 AT2 处时由直角波变为指数波，传播至 AT1 处时由指数波变为如式（6.22）的波形，初始波到浪涌呈现波尾快速衰减的形状。

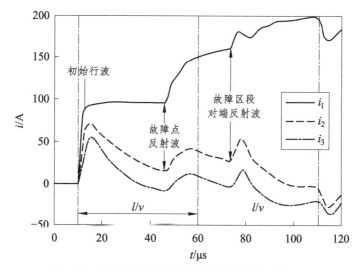

图 6.13　不同故障区段下的变电所出口处 i_{mC1}

图 6.14 对比了故障发生在第 1、2、3 段时，变电所出口处观测的电压行波同向模 2 分量 u_{mC2}。由图可知，在不同区段发生故障时，在变电所出口处观测的电压波形相差不大，显然，利用电压行波无法判别故障

发生的区段。

　　FR、TF 短路故障时的情况与 TR 故障类似，此处不赘述。

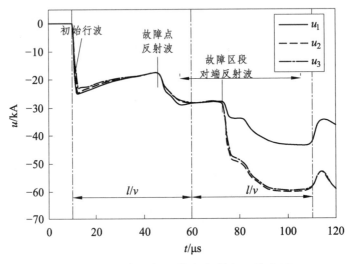

图 6.14　不同故障区段下的变电所出口处电压 u_{mC2}

本章小结

　　本章根据全并联 AT 牵引供电系统的线路特点，对其上下行线路进行相模变换解耦，将行波分解为同向模量和反向模量，并结合 AT 自耦变压器的电磁暂态模型，推导行波同向模量在 AT 并联连接处的波过程时域表达式，仿真验证解析解的正确性，揭示了初始波到的波尾衰减形状与自耦变压器的漏阻抗的关系；分析了行波各模量的传播特性，得到反向模量只在故障发生区段内折反射的结论。

第 6 章彩图

牵引供电系统行波故障测距

　　从上述全并联 AT 牵引供电系统行波传播特点的分析来看，故障距离信息蕴含在量测端观测到的波形形态（行波幅度、陡度、极性和时差）中。本章基于上述行波传播特性的分析，结合牵引供电线路特点，确定合理有效的单端故障行波测距算法。一是利用反向模量只存在于故障区段内及同向模量通过 AT 后波尾衰减加剧的现象判定故障区段的基础上，提出考虑行波波到的波尾形态差异的单端故障测距算法；二是基于波形形态与故障距离的映射关系，构建基于 GRU 和 CNN 的单端故障测距算法。

7.1　考虑行波波到的波尾形态差异的单端故障测距

7.1.1　故障发生区段的判断

　　上下行线路全并联连接下，由于故障行波的反向模量只在故障发生区段内折反射，当故障发生在第 2、3 段时，在变电所出口处所测得的电流行波反向模量 i_{mD} 为零，而故障发生在第 1 段时，i_{mD} 不为零。据此，可利用电流行波反向模量来判断故障发生的区段是否为第 1 段，在此基于前述的模分量传播特性分析，选择衰减小的线模分量，反向模 1 或 2 分量 i_{mD1}、i_{mD2}。

　　对于故障发生在第 2、3 段的情况，由 6.3 节的对比分析可知，在第 3 段产生的故障行波通过 2 个低漏抗的自耦变压器后，在变电所出口处检测到的同向模 1 分量 i_{mC1} 初始波到波尾衰减加速，可利用波尾形状特征并结合式（6.21）、式（6.22）来判断故障是发生在第 2 段还是第 3 段。

7.1.2 故障点位置的确定

单端行波测距方法通过初始波头及其后续反射波的到达测点时差来确定故障距测点的位置，具有经济性强且不依赖数据时钟同步的优势。波头到达时刻的准确标定及辨识是单端测距方法得以成功实施的关键，前提是可靠地检测、辨识出测距所需的有效波头。

在 AT 牵引供电系统中应用单端行波测距方法存在如下问题：受 AT 自耦变压器、杂散电容、故障阻抗等多方面因素的影响，电流行波波头出现短时尖峰，后续反射波上升斜率低等现象，影响行波波头到达时刻的准确标定。仿真分析表明，故障发生在第 2、3 段时，在变电所出口处观测到的电流行波反射波波头上升平缓，电压行波受自耦变压器、杂散电容等的影响较小，发射波的幅值和陡度都较强，较易捕捉、标定与识别。因此，当观测点设置在变电所出口处确定第 2、3 区段的故障点位置，不宜采用电流行波来标定波到时刻，应采用电压行波。

对于第 2、3 区段的故障点位置的确定，变电所出口处观测点只有行波同向模量，由行波网格图（见图 6.3）的分析得到如下结论：在行波同向模量初始波到后的 $2l_i/v$（i=1, 2, 3）时间窗内有第 1 次故障点反射波和本故障区段对端 AT 反射波，两者分属于前后 2 个相继的 l_i/v 时间窗内，本段线路半线长内故障时故障点反射波先到达，而半线长外故障时对端反射波先于故障点反射波到达。由于故障点过渡电阻只使故障点反射波幅值减小，并不改变波尾形状，而故障行波到达对端 AT 后在自耦变压器作用下其反射波波尾衰减将加剧（图 6.9 中的 i_{mC1}），利用此特点，可判断反射波是由故障点反射而来，还是由对端 AT 反射而来，继而判断故障点是位于半线长内还是外。最后，后续反射波以初始行波波到 t_0 为起点的波到时刻 t_A、t_B 总是关于 l_i/v 时刻点对称，可利用 $t_A + t_B = 2l_i/v$ 核验测距结果。

对于第 1 区段的故障点位置的确定，鉴于电流行波反射波受 AT 自耦变压器的影响较小，可利用在变电所出口处检测到的电流行波反向模量标

定波到时刻 t_A、t_B，并根据电流反向模量 i_{mD2} 的极性变化判断半线长内外。

7.1.3　单端故障测距算法流程

针对图 2.7 所示的 AT 牵引供电系统，列出单端行波故障测距算法流程，如图 7.1 所示。

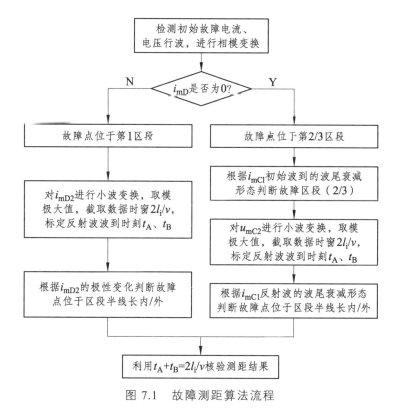

图 7.1　故障测距算法流程

7.1.4　实验结果

分别对在不同区段不同位置发生的 TR 短路故障进行仿真，仿真步长 1 μs，提取牵引变电所出口处的故障电流、电压行波，利用上述测距算法计算故障距离，行波传播速度取线模分量的波速 $v = 2.956\ 9 \times 10^5\ km/s$，仿真结果见表 7.1，测距误差均小于 200 m。可见，利用所提出的单端测距算法可获得较高的测距精度和稳定性。

表 7.1　故障测距仿真结果

故障区段	距区段首端的距离/km	过渡电阻/Ω	计算距离/km	误差/m
1	3	1	2.957	43
		10	2.957	43
		100	2.957	43
		300	3.105	105
	12	1	11.975	25
		10	11.975	25
		100	11.975	25
		300	12.123	123
2	3	1	3.105	105
		10	3.105	105
		100	3.105	105
		300	2.809	191
	12	1	12.123	123
		10	12.123	123
		100	12.123	123
		300	11.828	172
3	3	1	3.105	105
		10	3.105	105
		100	3.105	105
		300	2.809	191
	12	1	11.975	25
		10	11.975	25
		100	11.975	25
		300	11.828	172

7.2　基于 MGRU-FCN 的单端行波故障测距

全并联 AT 牵引供电系统中，中间设置并联连接，安装于牵引变电所的测距装置检测到的行波波头不仅有故障点反射波、故障所在区段末端的反射波，还有由供电臂末端返回的反射波。这些反射波的到达时刻、先后次序均包含故障距离信息，随故障点发生区段、与区段首端距离的不同而不同。供电臂首端检测到的电压、电流行波所含故障信息与发生故障的区段、位置的映射关系与其线路结构有关，实施单端测距时需依据其行波传播特性正确判断故障区段。本书利用循环神经网络在捕捉时间序列数据中的依赖关系的优势，输入故障仿真样本，训练神经网络模型学习供电臂首端测得的故障行波信号与故障发生区段之间的映射关系，建立故障区段判断模型。将检测到的故障行波信号输入训练好的故障区段判断模型，判断故障发生的区段，然后利用故障行波中的初始波头及其后续反射波的到达量测点的时差计算故障点与故障区段首端的距离，最终确定故障距测点的位置，实现精确可靠的故障测距。故障测距算法流程如图 7.2 所示。

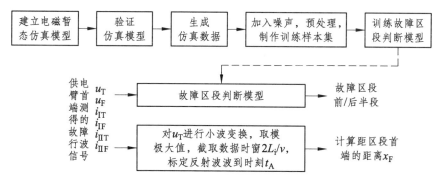

图 7.2　基于 MGRU-FCN 的单端行波故障测距算法流程图

7.2.1　故障仿真模型的构建

采用 ATP-EMTP 电磁暂态仿真软件构建全并联 AT 牵引供电系统的故障仿真模型，进行仿真分析，构建的仿真模型如图 7.3 所示。仿真电路中，TT 为牵引变压器，AT1、AT2、AT3 为自耦变压器，故障点设置于供电臂首端至 AT1 之间，L1A、L1B 为区段 1（供电臂首端至 AT1）的线路，分别为故障点前/后段，L2、L3 分别为区段 2、3 的线路。

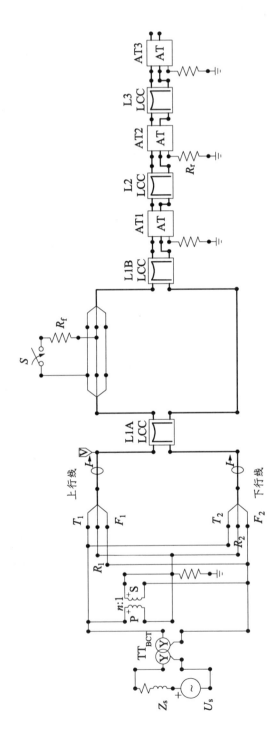

图 7.3 ATP-EMTP 短路故障仿真模型

在成功建立仿真模型的基础上，为验证仿真模型的可用性，按照实施短路试验的供电臂结构和电气参数构建仿真模型进行短路故障计算，并将仿真实验结果与实测波形对比验证，确保仿真结果的正确性。

7.2.2 行波信号与故障发生区段之间的映射关系

为了实施有效可靠的单端故障行波测距，针对全并联 AT 牵引供电系统，从故障行波传播与折反射规律出发，分析故障行波信号与故障发生区段之间的映射关系。

为表示行波在牵引供电线路上的折反射规律，采用网格图描述了故障行波在线路的阻抗不连续点（故障点、供电臂首末端、中间的 AT 并联连接处）的折反射情况，如图 7.4 所示。F 表示故障点，M 表示供电臂首端，即量测端，N 表示供电臂末端，AT1、AT2 表示中间的并联连接处，图 7.4 分别给出了故障点位于区段 2 的前/后半段下，故障行波在牵引供电线路上的折反射。为了描述清楚，表 7.2 和表 7.3 给出了故障点分别位于 3 个区段的前/后半段下行波的传播路径以及与故障初始行波的时差所表示的距离，并按照反射波到达量测端的时间先后排序。表中 x_F 表示距区段首端的距离，L_i（i=1，2，3）表示各区段的长度。

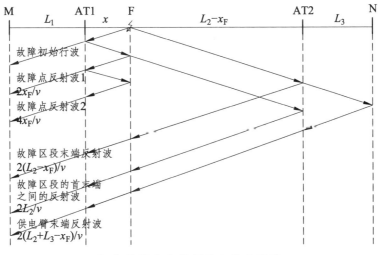

（a）故障点位于区段 2 的前半段

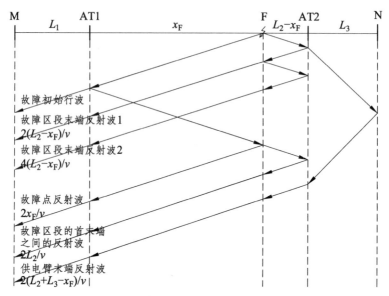

（b）故障点位于区段 2 的后半段

图 7.4　行波网格

表 7.2　电压行波中各个波到的性质（故障点分别位于 3 个区段的前半段）

序号	供电臂首端观测到的行波性质	故障点位于不同区段下行波的传播路径			反映的距离
		区段 1	区段 2	区段 3	
1	故障初始行波	F→M	F→AT1→M	F→AT2→AT1→M	—
2	故障区段首端与故障点之间的第 1 次反射波	F→M→F→M	F→AT1→F→AT1→M	F→AT2→F→AT2→AT1→M	$2x_F$
3	故障区段首端与故障点之间的第 2 次反射波	F→M→F→M→F→M	F→AT1→F→AT1→F→AT1→M	F→AT2→F→AT2→F→AT2→AT1→M	$4x_F$

续表

序号	供电臂首端观测到的行波性质	故障点位于不同区段下行波的传播路径			反映的距离
		区段 1	区段 2	区段 3	
4	故障区段末端与故障点之间的第 1 次反射波	F→AT1→F→M	F→AT2→F→AT1→M	F→AT3→F→AT2→AT1→M	$2(L_i - x_F)$
5	故障区段的首末端之间的反射波	F→M→F→AT1→F→M	F→AT1→F→AT2→F→AT1→M	F→AT2→F→N→F→AT2→AT1→M	$2L_i$
6	供电臂末端反射波	F→AT1→AT2→N→AT2→AT1→F→M	F→AT2→N→AT2→F→AT1→M	F→N→F→AT2→AT1→M	$2\left(\sum\limits_{k=i}^{3} L_k - x_F\right)$

表 7.3 电压行波中各个波到的性质（故障点分别位于 3 个区段的后半段）

序号	供电臂首端观测到的行波	故障点位于不同区段下行波的传播路径			反映的距离
		区段 1	区段 2	区段 3	
1	故障初始行波	F→M	F→AT1→M	F→AT2→AT1→M	—
2	故障区段末端与故障点之间的第 1 次反射波	F→AT1→F→M	F→AT2→F→AT1→M	F→N→F→AT2→AT1→M	$2(L_i - x_F)$
3	故障区段末端与故障点之间的第 2 次反射波	F→AT1→F→AT1→F→M	F→AT2→F→AT2→F→AT1→M	F→N→F→N→F→AT2→AT1→M	$4(L_i - x_F)$

续表

序号	供电臂首端观测到的行波	故障点位于不同区段下行波的传播路径			反映的距离
		区段 1	区段 2	区段 3	
4	故障区段首端与故障点之间的第 1 次反射波	F→M→F→M	F→AT1→F→AT1→M	F→AT2→F→AT2→AT1→M	$2x_F$
5	故障区段的首末端之间的反射波	F→M→F→AT1→F→M	F→AT1→F→AT2→F→AT1→M	F→AT2→F→N→F→AT2→AT1→M	$2L_i$
6	供电臂末端反射波	F→AT1→AT2→N→AT2→AT1→F→M	F→AT2→N→AT2→F→AT1→M	F→N→F→AT2→AT1→M	$2\left(\sum\limits_{k=i}^{3}L_k - x_F\right)$

图 7.5 对比了故障点分别位于 3 个区段（S1~S3）的前/后半段下的供电臂首端观测到的电压、电流暂态行波波形，仿真电路中各区段的长度均为 15 km，故障点距离区段首端 3 km、12 km。供电臂首端量测的电压有 u_T、u_F，电流有 i_{IT}、i_{IF}、i_{IIT}、i_{IIF}（下标 I 、II 表示上下行线路，T、F 表示接触线、正馈线，上下行线路并联连接处有 $u_{IT}=u_{IIT}=u_T$，$u_{IF}=u_{IIF}=u_F$）。由图 7.5 可以看出，首先，电压行波中的各反射波的幅值和陡度都较强，较易捕捉、识别，易于标定波到时刻，而电流行波中的各反射波的幅值和陡度较小，特别是当故障点位于区段 2、3，受传播路径的影响，后续反射波的衰减较大，不利于波到时刻的标定；其次，在线路的各个阻抗不连续点，其对地阻抗值不同，如供电臂末端近似于开路，电压行波折射系数 α_u=2，反射系数 β_u=1，电压行波发生正的全反射，电压行波在边界产生与入射波极性相同的反射波，所测电压为入射波和反射波的叠加，表现为供电臂末端的反射波的幅值较大。由此可见，故障发生区段以及处于前半段还是后半段等信息都蕴涵并反映在供电臂首端观测到的波形形态（反射波波到的幅值、陡度、极性和波到时差）中。

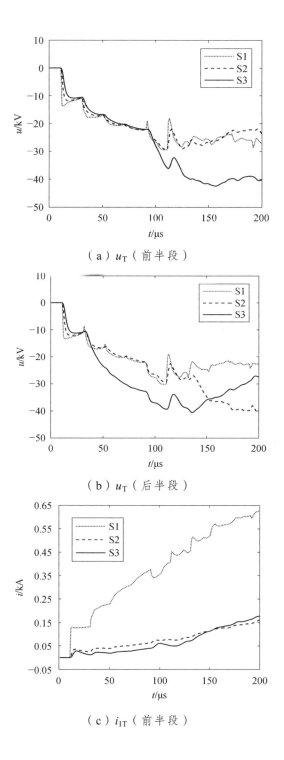

（a）u_T（前半段）

（b）u_T（后半段）

（c）i_{IT}（前半段）

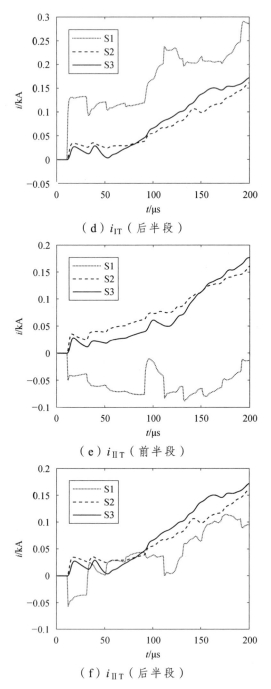

（d）i_{IT}（后半段）

（e）i_{IIT}（前半段）

（f）i_{IIT}（后半段）

图 7.5　供电臂首端观测到的电压、电流暂态行波波形

图 7.6 对比了不同故障阻抗、故障角下的电压暂态行波波形，故障点均位于区段 1，距离区段首端 3 km，可以看出行波波到时序与故障阻抗、故障角无关。

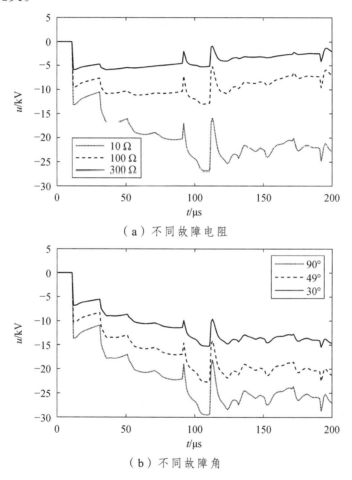

（a）不同故障电阻

（b）不同故障角

图 7.6　不同故障阻抗、故障角下的电压暂态行波波形

7.2.3　基于 MGRU-FCN 的故障区段判断模型

1. 模型框架

供电臂首端观测到的暂态行波是具有时间相关性的序列，属于时间序列数据。对于时间序列，门控循环网络 GRU 能自动学习并建模时间序

列中高阶非线性和复杂的依赖关系，擅长对时间序列的处理。在此，利用 GRU 善于建模时间依赖关系的优势，结合卷积神经网络 CNN 强大的特征提取能力，构建 GRU 和 CNN 并行的故障区段判断模型。

构建的 GRU 和 CNN 并行的故障区段判断模型，如图 7.7 所示。模型包括全卷积（Fully Convolutional Network，FCN）块和 GRU 块，FCN 块由三个堆叠的时间卷积块组成，用作特征提取器，每个单元块都含有一个 Conv-BN-ReLU 块，最后一个时间卷积块后应用全局平均池化，用于在分类之前减少模型中的参数数量。其中，前两个时间卷积块分别以一个挤压和激励模块 SE 块结束。同时，时间序列输入被传送到维度混洗层。然后，将维度混洗转换后的时间序列传递到 GRU 块。最后，合并全局池化层和 GRU 块的输出并传递给 Softmax 分类层。

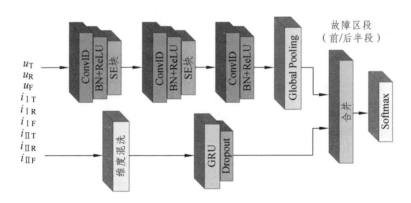

图 7.7　基于 MGRU-FCN 的故障区段判断模型

注：请扫描本章末二维码获取彩图。

本模型的输入数据集为多变量时间序列，输入变量为变电所出口处检测到的电压 u_T、u_R、u_F，电流 i_{IT}、i_{IR}、i_{IF}、i_{IIT}、i_{IIR}、i_{IIF}（下标 I、II 表示上下行线路，T、R、F 表示接触线、钢轨、正馈线，出口处上下行线路并联有 $u_{IT}=u_{IIT}=u_T$，$u_{IF}=u_{IIF}=u_F$）。

故障区段判断模型的输出的分类结果为故障区段以及区段的前/后半段。数据集样本标签设置见表 7.4。

表 7.4　数据集标签

标签	故障区间	标签	故障区间
0	区段 1 前半段	3	区段 1 后半段
1	区段 2 前半段	4	区段 2 后半段
2	区段 3 前半段	5	区段 3 后半段

2. 数据集构建

本书采用图 7.3 所示的电磁暂态仿真模型模拟产生短路故障信号。供电线路参数与 4.2 节所述相同。改变仿真模型中故障阻抗、故障角、故障发生位置、故障类型等参数，分别获取不同故障条件下的短路故障信号。仿真参数设置见表 7.5。

表 7.5　短路故障电磁暂态仿真参数

仿真参数	取值
故障阻抗 R_f/Ω	1、10、100、300
故障角	$\pm 6°$、$\pm 17°$、$\pm 30°$、$\pm 49°$、$\pm 90°$
短路发生区段；距离各区段首端/km	Ⅰ、Ⅱ、Ⅲ；按每隔 0.5 km 设置
故障类型	TF、TR、FR

按前面所述的方法，考虑测量装置的噪声，对仿真数据加入服从高斯分布的噪声，信噪比 SNR 分别为 20 dB、30 dB。考虑到故障行波中前 4~5 个波头幅度陡度较明显，之后的波头会在折反射过程中衰减，另外供电臂总长通常在 50 km 以内，4~5 个波头在 300 μs 范围之内，因此在故障信号中截取初始行波波头时刻前 100 μs，后 300 μs 的波形作为样本。仿真步长 1 μs，则样本的时间步数为 400。

3. 网络训练与结果

实验环境如 4.1 节所述。FCN 块中的 3 个时间卷积块的滤波器的数目分别为 4、8、4，内核大小分别为 8、5、3。其他的网络参数设置与 4.1

节相同。图 7.8 用混淆矩阵显示了测试分类结果。它给出了每个状况的正确分类样本和错误分类样本。x 轴和 y 轴分别表示预测标签和真实标签。测试的故障区段分类结果中，预测为负类的主要是故障角±6°的样本，主要原因在于小故障角下的故障初始电势小，行波突变幅值小。如果故障发生时工频电压相角为 0°时，则不存在故障初始电势，即不产生故障电压行波，故障状态将直接过渡到故障稳态。实际运行表明，故障发生在 10°以下的概率非常低，此现实是有利于故障行波检测和分析的。

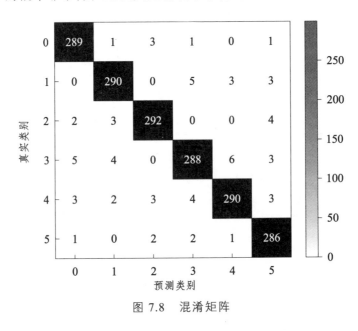

图 7.8　混淆矩阵

4. 钢轨电流不可测对故障区段判断结果的影响分析

在牵引供电系统中钢轨为一良导体，故障电流行波有一部分会流经钢轨，而在工程现场中，钢轨上的电流行波是不易测得的（在牵引变电所的主接线中钢轨接入集中接地箱）。鉴于此，本书在数据集中去除钢轨电流、电压变量，再输入故障区段判断模型进行训练，测试结果表明分类准确率与未去除的相近，说明本模型在无钢轨电流、电压输入下仍能有效地判断故障区段。

7.2.4 故障点位置的计算

在确定故障点所在的区段以及处于前半段还是后半段之后，在初始波到后的 L_i/v（$i=1$，2，3）时间窗内，标定检测到的反射波的波到时刻，计算故障点位置。依据是前半段还是后半段，计算距区段首端的距离 x_F

$$x_F = \frac{t_A \cdot v}{2}（前半段）$$

$$x_F = L_i - \frac{t_A \cdot v}{2}（后半段）$$

（7.1）

式中　t_A——检测到的反射波与初始行波波到的时差；

　　　v——线模分量的波速。

从理论上来说，在讨论波的传播时，因为多导线线路存在线间电磁联系，不能在相量上分析波的传播速度。根据模式传输理论可知，只有在模量上才有明确的不同模量线路的波传播速度，必须将相量上的电压波经过相模变换，变为模量上的电压波分量，分别计算各自的波速。在计算故障距离时，在模量上标定波到时刻，再代入相应模量的波速计算距离。对牵引供电线路，能否直接使用线路电压 u_T、u_F 进行波头到达时刻的标定计算故障距离？分析如下。

如前所述，对于电压行波，相模变换关系表示为

$$\begin{bmatrix} u_{mC} \\ u_{mD} \end{bmatrix} = T_u^{-1} \begin{bmatrix} u_I \\ u_{II} \end{bmatrix} = T_i^T \begin{bmatrix} u_I \\ u_{II} \end{bmatrix} = \begin{bmatrix} M & M \\ N & -N \end{bmatrix} \begin{bmatrix} u_I \\ u_{II} \end{bmatrix}$$

（7.2）

其中，相量 $u_I = [u_{IT}\ u_{IR}\ u_{IF}]^T$，$u_{II} = [u_{IIT}\ u_{IIR}\ u_{IIF}]^T$，模量 $u_{mC} = [u_{mC0}\ u_{mC1}\ u_{mC2}]^T$，$u_{mD} = [u_{mD0}\ u_{mD1}\ u_{mD2}]^T$。式中相量的下标 I、II 表示上下行线路，T、R、F 表示接触线、钢轨、正馈线。模量表示为同向模量和反向模量的形式，下标 C、D 表示同向量、反向量，同向量、反向量的 0 模、1 模、2 模用下标 0、1、2 表示。

在供电臂首端，上下行线路并联，有 $u_{IT} = u_{IIT} = u_T$，$u_{IF} = u_{IIF} = u_F$，则反向模量 $u_{mD} = 0$，同向模 2 分量：

$$u_{mC2} = 0.550\,1(u_{IT} + u_{IIT}) - 0.151\,0(u_{IR} + u_{IIR}) - 0.417\,9(u_{IF} + u_{IIF})$$

$$\approx 0.550\,1(u_{IT} + u_{IIT}) - 0.417\,9(u_{IF} + u_{IIF})$$

$$\approx 1.100\,2u_T - 0.835\,8u_F$$

$$(7.3)$$

因此，忽略钢轨电压不至于引起很大的误差，可以直接使用电压 u_T、u_F 进行波头到达时刻的标定。

7.2.5　在实测数据上的验证

牵引变电所短路试验（时间：2019.10.24），供电方式为全并联 AT 供电，其故障位置设置为上行接触线 13.16 km，故障类型为 T-N 短路。

按照实施短路试验的供电臂结构和电气参数构建仿真模型，模拟产生短路故障信号，短路故障样本集的预处理按 7.2.3 节所述，获得用于模型训练的数据样本，训练模型。将短路试验中录波波形输入已训练的模型，测试其输出结果，其故障区段的判别结果与短路试验设置一致。

本章小结

本章研究了两种测距方法：一是基于行波模量传播特点的分析，研究利用行波波到的波尾形态差异判断故障区段的单端故障测距算法，并进行了仿真验证。二是基于波形形态与故障距离的映射关系，构建基于 GRU 和 CNN 的单端故障测距算法，分析了钢轨电流不可测对故障测距结果的影响，并在现场短路试验数据上进行了验证。

第 7 章彩图

总结与展望

本书以牵引供电系统暂态信号为分析对象，引入深度学习方法，利用深度卷积神经网络强大的自动提取数据特征的能力，提取暂态信号时频分布的深层次特征，结合循环神经网络在时序建模的优势，在暂态识别、故障测距的应用中获得了理想的实验效果。本书的研究结论如下：

（1）依据暂态过程的产生机理并结合动车组运行状况对现场实测数据进行分析，全面梳理了暂态信号的来源和成因；构建了短路、雷击、弓网离线、过分相等暂态的仿真模型，并将仿真结果与实测波形进行对比验证，确保仿真结果的正确性。此研究为暂态辨识的特征设计奠定了理论基础，也为深度学习算法的训练提供了准确的数据样本来源。针对故障行波的传播特性，将行波分解为同向模量和反向模量，得到反向模量只在故障发生区段内折反射的结论，推导了行波同向模量在 AT 并联连接处的波过程时域表达式，揭示了波到的波尾衰减形状与自耦变压器的漏阻抗的关系，为其故障行波测距算法的建立提供了理论依据。

（2）针对绕击、反击故障下雷电暂态信号的有效特征提取问题，提出了基于一维卷积神经网络的雷电绕击、反击识别方法，从特征学习、健壮性和分类性能等方面的评估结果，验证了卷积神经网络在暂态信号特征信息提取中的可行性和有效性。针对暂态过程的识别，研究了一种用于多变量时间序列的 GRU 和 CNN 并行的模型来提升暂态辨识的性能，模型中压缩和激励块的加入显著提高了系统的分类性能。以现场实测与电磁暂态仿真相结合的方式构建暂态数据集，既解决了故障样本少，不易获取的问题，又兼顾了样本的有效真实性。所提出的暂态辨识方法从原始暂态信号中自动学习出有用的特征，特征提取和分类同时优化，而不依赖手工构造的特征，在一定程度上减少了人工提取特征的成本。

（3）对于未标记的实测数据，提出基于 1D-CNN 和 LSTM 的深度时间聚类方法，将用于特征提取的卷积自动编码器和用于聚类的目标进行联合优化，同时改进聚类分布和特征表示，实现了优异的聚类性能，并在不同数据集上进行了实验测试其聚类的效果。相对于非联合优化的降维和聚类，使用端到端优化在无监督分类方面有显著的改进。

（4）在故障测距方面，本书研究了两种测距方法：一是利用行波波到的波尾形态差异判断故障区段的单端故障测距算法，并进行了仿真验证。二是基于波形形态与故障距离的映射关系，利用 GRU 在时序建模的优势，提出了基于 GRU 和 CNN 的单端故障测距算法，并在现场短路试验数据上进行了验证，分析了钢轨电流不可测对故障测距结果的影响，为测距方法的实用化提供了依据。

拟开展的工作有以下几方面：

（1）当前训练的暂态辨识、测距模型是针对某一特定的供电臂线路，如需将其应用于其他线路，进一步地，考虑采用迁移学习技术，对已有模型进行微调，减少重新训练的工作量。

（2）将训练好的暂态辨识模型、测距模型部署到嵌入式平台，研发牵引供电系统的暂态辨识与测距装置。

参考文献

[1] S B, R K, H C, et al. Real-Time Identification of Dynamic Events in Power Systems Using PMU Data, and Potential Applications-Models, Promises and Challenges[J]. IEEE Transactions on Power Delivery, 2017, 32(1): 294-301.

[2] O P D, S M B, H C. Comprehensive Clustering of Disturbance Events Recorded by Phasor Measurement Units[J]. IEEE Transactions on Power Delivery, 2014, 29(3): 1390-1397.

[3] T O, V K, R P P S. Novel Black-Box Arc Model Validated by High-Voltage Circuit Breaker Testing[J]. IEEE Transactions on Power Delivery, 2018, 33(4): 1835-1844.

[4] 薛永端, 李娟, 陈筱薷, 等. 谐振接地系统高阻接地故障暂态选线与过渡电阻辨识[J]. 中国电机工程学报, 2017, 37（17）: 5037-5048.

[5] 高国强. 高速列车运行状态暂态过电压机理与抑制方法的研究[D]. 成都: 西南交通大学, 2012.

[6] 姜晓锋, 何正友, 胡海涛, 等. 高速铁路过分相电磁暂态过程分析[J]. 铁道学报, 2013（12）: 30-36.

[7] 宋小翠, 刘志刚, 王英. 基于 ATP-EMTP 的计及高架桥高速铁路过分相电磁暂态研究[J]. 电力系统保护与控制, 2016（13）: 6-13.

[8] 曹保江, 宋勇葆, 高国强, 等. 基于 PSCAD 的动车组过分相时车载牵引变压器励磁涌流仿真分析[J]. 铁道学报, 2019, 41（8）: 39-44.

[9] 赵元哲, 李群湛, 周福林, 等. 电力机车变压器励磁涌流及其影响

分析[J]. 电力系统及其自动化学报，2018，30（3）：25-34.

[10] Z L, H Z, K H, et al. Extended Black-Box Model of Pantograph-Catenary Detachment Arc Considering Pantograph-Catenary Dynamics in Electrified Railway[J]. IEEE Transactions on Industry Applications, 2019, 55(1): 776-785.

[11] 刘耀银，陈旭坤，万玉苏，等. 高速列车弓网电弧模型及其电气特性仿真研究[J]. 高压电器，2017（11）：39-45.

[12] 宋小翠，刘志刚，黄可. 基于状态空间分析法的高铁牵引网弓网燃弧电磁暂态影响[J]. 电力自动化设备，2017（12）：184-191.

[13] Y W, Z L, X M, et al. An Extended Habedank's Equation-Based EMTP Model of Pantograph Arcing Considering Pantograph-Catenary Interactions and Train Speeds[J]. IEEE Transactions on Power Delivery, 2016, 31(3): 1186-1194.

[14] W W, J W, G G, et al. Study on Pantograph Arcing in a Laboratory Simulation System by High-Speed Photography[J]. IEEE Transactions on Plasma Science, 2016, 44(10): 2438-2445.

[15] 曹保江，郑玥，高国强，等. 雷击接触网高速动车组的车体过电压分析及抑制措施[J]. 铁道学报，2018，40（6）：44-50.

[16] 边凯，陈维江，王立天，等.高速铁路牵引供电接触网雷电防护[J].中国电机工程学报，2013，33（10）：191-199.

[17] 何正友，陈小勤. 基于多尺度能量统计和小波能量熵测度的电力暂态信号识别方法[J]. 中国电机工程学报，2006，26（10）：33-39.

[18] 陈继开，李浩昱，吴建强，等. 非广延小波熵在电力系统暂态信号特征提取中的应用[J]. 中国电机工程学报，2010，30（28）：25-32.

[19] 陈继开，周志宇，李浩昱，等. 快速小波熵输电系统暂态信号特征提取研究[J]. 电工技术学报，2012，27（12）：219-225.

[20] 余南华，李传健，杨军，等. 基于小波包时间熵的配电网运行状态特征提取方法[J]. 电力自动化设备，2014，34（9）：64-71.

[21] 吴禹，唐求，滕召胜，等. 基于改进 S 变换的电能质量扰动信号特征提取方法[J]. 中国电机工程学报，2016（10）：2682-2689.

[22] SHAMACHURN H. Assessing the performance of a modified S-transform with probabilistic neural network, support vector machine and nearest neighbour classifiers for single and multiple power quality disturbances identification[J]. Neural Computing and Applications, 2017, 2019(31): 1041-1060.

[23] 司马文霞，王荆，杨庆，等. Hilbert-Huang 变换在电力系统过电压识别中的应用[J]. 高电压技术，2010，36（6）：1480-1486.

[24] CHAKRAVORTI T, DASH P K. Multiclass power quality events classification using variational mode decomposition with fast reduced kernel extreme learning machine-based feature selection[J]. IET Science Measurement & Technology, 2018, 12(1): 106-117.

[25] S A, M A, B A. Detection and classification of power quality events based on wavelet transform and artificial neural networks for smart grids: 2015 Saudi Arabia Smart Grid (SASG)[C], 2015.

[26] KHOKHAR S, ZIN A A B M, MOKHTAR A S B, et al. A comprehensive overview on signal processing and artificial intelligence techniques applications in classification of power quality disturbances[J]. Renewable & Sustainable Energy Reviews, 2015, 51: 1650-1663.

[27] S K, A A M Z, A S M, et al. Automatic classification of power quality disturbances: A review: 2013 IEEE Student Conference on Research and Developement[C], 2013.

[28] MANIMALA K, DAVID I G, SELVI K. A novel data selection technique using fuzzy C-means clustering to enhance SVM-based power quality classification[J]. Soft Computing, 2015, 19(11): 3123-3144.

[29] 赵莹，赵川，叶华，等. 应用主成分分析约简电压暂降扰动源识别

特征的方法[J]. 电力系统保护与控制，2015（13）：105-110.

[30] KAR S, SAMANTARAY S R. A Fuzzy Rule Base Approach for Intelligent Protection of Microgrids[J]. Electric Power Components And Systems, 2015, 43(18): 2082-2093.

[31] 林圣. 基于暂态量的高压输电线路故障分类与定位方法研究[D]. 成都：西南交通大学，2011.

[32] RAY P, MISHRA D. Application of extreme learning machine for underground cable fault location[J]. International Transactions On Electrical Energy Systems, 2015, 25(12): 3227-3247.

[33] M B, S M B, H C. Supervisory Protection and Automated Event Diagnosis Using PMU Data[J]. IEEE Transactions on Power Delivery, 2016, 31(4): 1855-1863.

[34] 陈甫康. 京广高铁广东段接触网防雷现状及改进措施[J]. 铁道机车车辆，2014，34（5）：120-124.

[35] 许毅涛. 京沪高铁接触网雷击跳闸分析及改造建议[J]. 电气化铁道，2013，24（1）：32-35.

[36] 曹晓斌，熊万亮，吴广宁，等. 接触网引雷范围划分及跳闸率的计算方法[J]. 高电压技术，2013，39（6）：1515-1521.

[37] 束洪春，张广斌，孙士云，等. ±800kV 直流输电线路雷电绕击与反击的识别方法[J]. 中国电机工程学报，2009，29（7）：13-19.

[38] 代杰杰，刘亚东，姜文娟，等. 基于雷电行波时域特征的输电线路雷击类型辨识方法[J]. 电工技术学报，2016，31（6）：242-250.

[39] 杜林，戴斌，司马文霞，等. 架空输电线路雷电过电压识别[J]. 高电压技术，2010，36（3）：590-597.

[40] 罗日成，李稳，陆毅，等. 基于 Hilbert-Huang 变换的 1 000 kV 输电线路雷电绕击与反击识别方法[J]. 电工技术学报，2015，30（3）：232-239.

[41] 杨庆，王荆，陈林，等. 计及冲击电晕的输电线路雷电绕击和反击

智能识别方法[J]. 高电压技术，2011，37（5）：1149-1157.

[42]　董新洲，雷傲宇，汤兰西，等. 行波特性分析及行波差动保护技术挑战与展望[J]. 电力系统自动化，2018（19）：184-191.

[43]　束洪春. 行波暂态量分析与故障测距（上册）[M]. 北京：科学出版社，2016.

[44]　高洪雨，陈青，徐丙垠，等.输电线路单端行波故障测距新算法[J].电力系统自动化，2017，41（5）：121-127.

[45]　覃剑.输电线路单端行波故障测距的研究[J].电网技术，2005（15）：65-70.

[46]　戴攀，刘皿，周浩. 高速铁路接触网行波传播特性研究[J]. 铁道学报，2014（2）：25-30.

[47]　电气化铁路自耦变压器：TB T/2888—2010[S]. 北京：中国铁道出版社，2010.

[48]　薛永端，段晶晶，徐丙垠，等. 直供方式牵引网故障行波特征分析[J]. 电网技术，2012（4）：167-173.

[49]　冉旭，廖培金，陈平，等. 行波故障测距法在电气化铁道牵引网中的应用研究[J]. 电网技术，2001（2）：35-38.

[50]　覃剑,黄震,杨华,等.同杆并架双回线路行波传播特性的研究[J].中国电机工程学报，2004（5）：34-38.

[51]　闫红艳，高艳丰，王继选，等. 同杆双回线路行波故障测距的关键问题研究[J]. 电力系统保护与控制，2018，46（4）：120-128.

[52]　HINTON G E, SALAKHUTDINOV R R. Reducing the dimensionality of data with neural networks[J]. Science, 2006, 313(5786): 504-507.

[53]　SCHMIDHUBER J. Deep learning in neural networks: An overview[J]. Neural Networks, 2015, 61: 85-117.

[54]　L S, D W, X L. Learning Deep and Wide: A Spectral Method for Learning Deep Networks[J]. IEEE Transactions on Neural Networks and Learning Systems, 2014, 25(12): 2303-2308.

[55] A K, I S, GE H. ImageNet Classification with Deep Convolutional Neural Networks: Advances in Neural Information Processing Systems[C]. 2012.

[56] G E D, D Y, L D, et al. Context-Dependent Pre-Trained Deep Neural Networks for Large-Vocabulary Speech Recognition[J]. IEEE Transactions on Audio, Speech, and Language Processing, 2012, 20(1): 30-42.

[57] 郑智聪，王红，齐林海. 基于深度学习模型融合的电压暂降源识别方法[J]. 中国电机工程学报，2019，39（1）：97-104.

[58] MOHAN N, SOMAN K P, VINAYAKUMAR R. Deep power: Deep learning architectures for power quality disturbances classification: 2017 IEEE International Conference on Technological Advancements in Power and Energy (TAP Energy) [C]. IEEE, 2017.

[59] 胡天宇，郭庆来，孙宏斌. 基于堆叠去相关自编码器和支持向量机的窃电检测[J]. 电力系统自动化，2019（1）：119-127.

[60] S W, S F, J C, et al. Deep-learning based fault diagnosis using computer-visualised power flow[J]. IET Generation, Transmission & Distribution, 2018, 12(17): 3985-3992.

[61] YANG T, PEN H, WANG Z. Feature Knowledge Based Fault Detection of Induction Motors Through the Analysis of Stator Current Data[J]. IEEE Transactions on Instrumentation and Measurement, 2016, 65(3): 549-558.

[62] HOCHREITER J, SCHMIDHUBER S. Long short-term memory[J]. Neural Computation, 1997, 9(8): 1735-1780.

[63] CHO K, MERRIENBOER B V, GULCEHRE C, et al. Learning Phrase Representations using RNN Encoder-Decoder for Statistical Machine Translation. 2014. arXiv: 1406.1078v3.

[64] ABDEL-NASSER M, MAHMOUD K. Accurate photovoltaic power

forecasting models using deep LSTM-RNN[J]. Neural Computing & Applications, 2017(10): 1-14.

[65] ZHANG S, WANG Y, LIU M, et al. Data-based Line Trip Fault Prediction in Power Systems Using LSTM Networks and SVM[J]. IEEE Access, 2018, 6:7675-7686.

[66] W G, J N. Wavelet-Based Disturbance Analysis for Power System Wide-Area Monitoring[J]. IEEE Transactions on Smart Grid, 2011, 2(1): 121-130.

[67] 刘汉丽, 裴韬, 周成虎. 用于时间序列聚类分析的小波变换和特征量提取方法[J]. 测绘科学技术学报, 2014, 31（4）: 372-376.

[68] 刘慧婷, 倪志伟. 基于 EMD 与 K-means 算法的时间序列聚类[J]. 模式识别与人工智能, 2009, 22（5）: 803-808.

[69] 苏木亚, 郭崇慧. 基于主成分分析的单变量时间序列聚类方法[J]. 运筹与管理, 2011, 20（6）: 66-72.

[70] MONTERO P, VILAR J A. TSclust: An R Package for Time Series Clustering[J]. Journal of Statistical Software, 2014, 62(1): 1-43.

[71] ALJALBOUT E, GOLKOV V, SIDDIQUI Y, et al. Clustering with Deep Learning: Taxonomy and New Methods. 2018. arXiv: 1801.07648v2.

[72] XIE J, GIRSHICK R, FARHADI A. Unsupervised Deep Embedding for Clustering Analysis. 2015. arXiv: 1511. 06335v2.

[73] MIN E, GUO X, QIANG L, et al. A Survey of Clustering With Deep Learning: From the Perspective of Network Architecture[J]. IEEE Access, 2018, 6: 39501-39514.

[74] PAN Y H. Heading toward Artificial Intelligence 2.0[J].Engineering, 2016, 2(4):409-413.

[75] 李夏林, 刘雅娟, 朱武. 基于配电网的复合电压暂降源分类与识别新方法[J]. 电力系统保护与控制, 2017, 45（2）: 131-139.

[76] TASDIGHI M, KEZUNOVIC M. Preventing transmission distance relays maloperation under unintended bulk DG tripping using SVM-based approach[J]. Electric Power Systems Research, 2017, 142: 258-267.

[77] Y G, A J F, D K K, et al. Power System Real-Time Event Detection and Associated Data Archival Reduction Based on Synchrophasors[J]. IEEE Transactions on Smart Grid, 2015, 6(4): 2088-2097.

[78] S P, T M, U A. Classification of Disturbances and Cyber-Attacks in Power Systems Using Heterogeneous Time-Synchronized Data[J]. IEEE Transactions on Industrial Informatics, 2015, 11(3): 650-662.

[79] M B, S M B, H C. Supervisory Protection and Automated Event Diagnosis Using PMU Data[J]. IEEE Transactions on Power Delivery, 2016, 31(4): 1855-1863.

[80] 徐文远, 雍静. 电力扰动数据分析学: 电能质量监测数据的新应用 [J]. 中国电机工程学报, 2013（19）: 93-101.

[81] SAHANI M, DASH P K. Automatic Power Quality Events Recognition Based on Hilbert Huang Transform and Weighted Bidirectional Extreme Learning Machine[J]. IEEE Transactions on Industrial Informatics, 2018, 14(9): 3849-3858.

[82] CHO G, KIM C, KIM M, et al. A Novel Fault-Location Algorithm for AC Parallel Autotransformer Feeding System[J]. IEEE Transactions on Power Delivery, 2019, 34(2): 475-485.

[83] J R M, A T. Frequency-Dependent Multiconductor Transmission Line Model With Collocated Voltage and Current Propagation[J]. IEEE Transactions on Power Delivery, 2018, 33(1): 71-81.

[84] F F D S. Comparison of Bergeron and frequency-dependent cable models for the simulation of electromagnetic transients[C]. 51st International Universities Power Engineering Conference (UPEC),

2016.

[85] CABALLERO P T, COSTA E C M, KUROKAWA S. Frequency-dependent multiconductor line model based on the Bergeron method[J]. Electric Power Systems Research, 2015, 127: 314-322.

[86] S H M, Z M, S M S. A Searching Based Method for Locating High Impedance Arcing Fault in Distribution Networks[J]. IEEE Transactions on Power Delivery, 2019, 34(2): 438-447.

[87] GIL M, ABDOOS A A, SANAYE-PASAND M. A precise analytical method for fault location in double-circuit transmission lines[J]. International Journal of Electrical Power & Energy Systems, 2021, 126: 106568.

[88] 中华人民共和国国家质量监督检验检疫总局，中国国家标准化管理委员会. 电能质量监测设备通用要求：GB/T 19862—2016 [S]. 北京：中国标准出版社，2016.

[89] 中华人民共和国国家质量监督检验检疫总局，中国国家标准化管理委员会. 电能质量监测设备自动检测系统通用技术要求：GB/T 35725—2017 [S]. 北京：中国标准出版社，2017.

[90] IEC 61000-4-30, Electromagnetic compatibility (EMC) - Part 4-30: Testing and measurement techniques - Power quality measurement methods [S]. IEC, Geneva, Switzerland, 2008.

[91] 钱名军，宋建业. 铁路行车组织基础[M]. 北京：中国铁道出版社，2015.

[92] 朱琴跃，陈江斌，谭喜堂，等. 计及动车组多种工况的牵引网谐波分析与抑制[J]. 同济大学学报（自然科学版），2016，44（9）：1391-1397.

[93] 周胜军，谈萌. 基于监测数据的高铁动车组谐波特性分析[J]. 电力科学与技术学报，2018，33（3）：128-133.

[94] 曾晓红，高仕斌. AT 供电牵引网断线接地故障及其馈线保护动作

行为分析[J]. 铁道学报，1996（2）：87-91.

[95] 安林，王军，李钢，等. 电气化铁路自耦变压器供电接触网断线接地故障的识别[J]. 电力系统自动化，2010，34（23）：92-96.

[96] 钱清泉,高仕斌,何正友,等. 中国高速铁路牵引供电关键技术[J]. 中国工程科学，2015（4）：9-20.

[97] 彭涛，陈剑云. 基于管状导体模型钢轨高频频变参数计算[J]. 铁道学报，2019，41（8）：45-49.

[98] 刘思然，陈剑云，乐果. 考虑钢轨铁磁特性的牵引网阻抗频变参数矩阵计算[J]. 华东交通大学学报，2018，35（4）：97-105.

[99] 何金良. 时频电磁暂态分析理论与方法[M]. 北京：清华大学出版社，2015.

[100] 乐果，林知明，陈剑云，等. 考虑牵引网线路参数频变的相模变换矩阵计算[J]. 华东交通大学学报，2018，35（5）：104-110.

[101] MARTINEZ J A, MORK B A. Transformer Modeling for Low- and Mid-Frequency Transients—A Review[J]. IEEE Transactions on Power Delivery, 2005, 20(2): 1625-1632.

[102] 吴文辉,曹祥麟. 电力系统电磁暂态计算与 EMTP 应用[M]. 北京：中国水利电力出版社，2012.

[103] 吴广宁,曹晓斌,李瑞芳. 轨道交通供电系统的防雷与接地[M]. 北京：科学出版社，2011.

[104] A B, A M, F N, et al. Lightning-Induced Overvoltages Transferred Through Distribution Power Transformers[J]. IEEE Transactions on Power Delivery, 2009, 24(1): 360-372.

[105] T E B. Practical Modeling of the Circuit Breaker ARC as a Short Line Fault Interrupter[J]. IEEE Transactions on Power Apparatus and Systems, 1978, PAS-97(3): 838-847.

[106] J L G, S G M, E M, et al. An improved arc model before current zero based on the combined Mayr and Cassie arc models[J]. IEEE

Transactions on Power Delivery, 2005, 20(1): 138-142.

[107] J H, L S, S A, et al. Squeeze-and-Excitation Networks[J]. IEEE Transactions on Pattern Analysis and Machine Intelligence, 2020, 42(8): 2011-2023.

[108] CARUANA R A. Multitask Learning: A Knowledge-Based Source of Inductive Bias[J]. Machine Learning Proceedings, 1993, 10(1): 41-48.

[109] BAXTER J. A Bayesian/Information Theoretic Model of Learning to Learn via Multiple Task Sampling[J]. Machine Learning, 1997, 28(1): 7-39.

[110] KING G, ZENG L. Logistic Regression in Rare Events Data[J]. Political Analysis, 2001, 9(2): 137-163.

[111] VAN DER MAATEN L, HINTON G. Visualizing Data using t-SNE[J]. Journal of Machine Learning Research, 2008, 9: 2579-2605.

[112] DAU H A E K, GHARGHABI C A R Y, BATISTA A M A G. The UCR Time Series Classification Archive[EB/OL]. https://www.cs.ucr. edu/~ eamonn/time_ series_data_2018/.

附录 A 参数计算、仿真模型

表 A1 接触网导线参数

导线代号	型号	导线等效半径/cm	导线直流电阻/（Ω/km）
MW	TJ-95	0.650	0.315
CW	TCG-100	0.460	0.179
PF	LGJ185	0.903	0.163
PW	LGJ120	0.722	0.255
CGW	—	0.406	0.280
R	P60	1.279	0.135

六相等值相导线的阻抗矩阵（50 Hz 频率下）：

$$\boldsymbol{Z}_{e} = \begin{bmatrix} 0.164\,4+j0.368\,4 & 0.041\,1+j0.092\,4 & 0.046\,5+j0.085\,1 & 0.039\,8+j0.100\,3 & 0.039\,2+j0.078\,8 & 0.039\,2+j0.055\,8 \\ 0.041\,1+j0.092\,4 & 0.109\,5+j0.337\,2 & 0.041\,2+j0.059\,5 & 0.039\,2+j0.078\,8 & 0.039\,6+j0.108\,4 & 0.037\,4+j0.047\,6 \\ 0.046\,5+j0.085\,1 & 0.041\,2+j0.059\,5 & 0.222\,0+j0.465\,7 & 0.039\,2+j0.055\,8 & 0.037\,4+j0.047\,6 & 0.035\,0+j0.035\,2 \\ 0.039\,8+j0.100\,3 & 0.039\,2+j0.078\,8 & 0.039\,2+j0.055\,8 & 0.164\,4+j0.368\,4 & 0.041\,1+j0.092\,4 & 0.046\,5+j0.085\,1 \\ 0.039\,2+j0.078\,8 & 0.039\,6+j0.108\,4 & 0.037\,4+j0.047\,6 & 0.041\,1+j0.092\,4 & 0.109\,5+j0.337\,2 & 0.041\,2+j0.059\,5 \\ 0.039\,2+j0.055\,8 & 0.037\,4+j0.047\,6 & 0.035\,0+j0.035\,2 & 0.046\,5+j0.085\,1 & 0.041\,2+j0.059\,5 & 0.222\,0+j0.465\,7 \end{bmatrix} (\Omega/km)$$

（A1）

六相等值相导线的电容矩阵：

$$\boldsymbol{C}_{e} = \begin{bmatrix} 0.120\,8 & -0.008\,9 & -0.011\,5 & -0.019\,0 & -0.004\,4 & -0.003\,7 \\ -0.008\,9 & 0.200\,8 & -0.002\,0 & -0.004\,4 & -0.004\,6 & -0.000\,7 \\ -0.011\,5 & -0.002\,0 & 0.087\,6 & -0.003\,7 & -0.000\,7 & -0.001\,4 \\ -0.019\,0 & -0.004\,4 & -0.003\,7 & 0.120\,8 & -0.008\,9 & -0.011\,5 \\ -0.004\,4 & -0.004\,6 & -0.000\,7 & -0.008\,9 & 0.200\,8 & -0.002\,0 \\ -0.003\,7 & -0.000\,7 & -0.001\,4 & -0.011\,5 & -0.002\,0 & 0.087\,6 \end{bmatrix} \times 10^{-7} (F/km)$$

（A2）

动车组的等效电阻、电感的计算：

动车组的工作电压 $\dot{U} = 25\angle 0^\circ\,\text{kV}$ ，由 $P=UI\cos\varphi$ ，得

$$I = \frac{P}{U\cos\varphi} = \frac{20\,800}{25\times 0.89} = 934.83\,\text{A} \qquad （A3）$$

又功率因数 $\cos\varphi = 0.8$ ，则动车组的阻抗为

$$Z = |Z|\angle\varphi = \frac{25}{934.8}\angle 27.13^\circ\Omega = 23.801 + \text{j}12.195\,\Omega \qquad （A4）$$

故动车组负荷的等效电阻为 $R_\text{m} = 23.80\,\Omega$

等效电感为

$$L_\text{m} = \frac{X_\text{m}}{\omega} = \frac{12.20}{2\pi f} = \frac{12.20}{100\pi} = 38.83\,\text{mH} \qquad （A5）$$

牵引变压器参数计算如下（归算到低压侧 55 kV）。

额定电压 220/2×27.5 kV，额定容量 50 MV·A，空载损耗 31.899 kW，负载损耗 146.488 kW，空载电流 0.23%，短路电压 16.48%。（代入以下公式计算）

等值电阻：

$$R_\text{T} = \frac{\Delta P_\text{S} U_{2\text{N}}^2}{S_\text{N}^2}\times 10^3 = \frac{121.305\times 55^2}{40\,000^2}\times 10^3 = 0.229\,（\Omega）$$

等值电抗：

$$X_\text{T} = \frac{U_\text{d}\%}{100}\times\frac{U_{2\text{N}}^2}{S_\text{N}}\times 10^3 = \frac{10.58}{100}\times\frac{55^2\times 10^3}{40\,000} = 8.001\,（\Omega）$$

等值电感：

$$L_\text{T} = \frac{X_T}{2\pi f} = \frac{10.58}{100}\times\frac{55^2\times 10^3}{40\,000} = 25.5\,（\text{mH}）$$

式中　$U_\text{d}\%$——短路电压；

$\qquad U_{2\text{N}}$——额定电压。

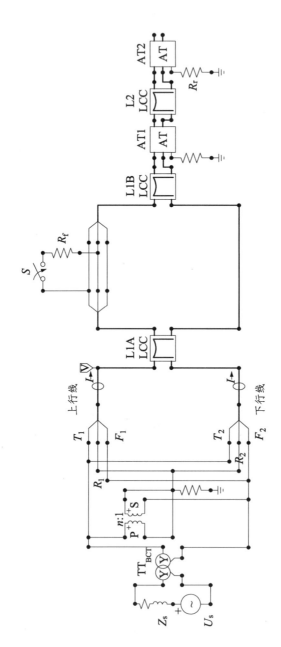

图 A1　ATP-EMTP 短路故障仿真模型

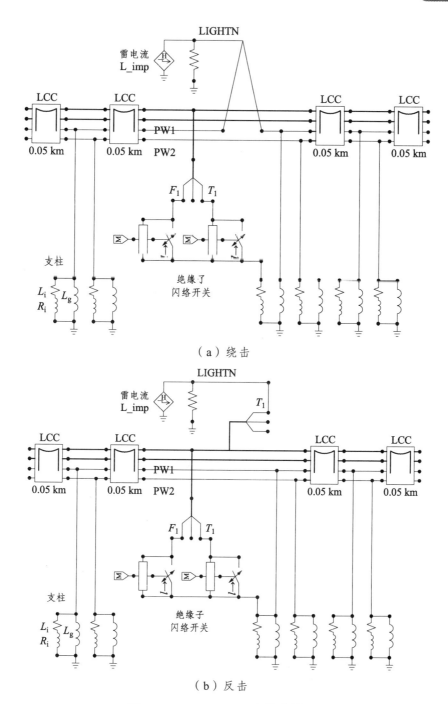

（a）绕击

（b）反击

图 A2　ATP-EMTP 雷击仿真模型

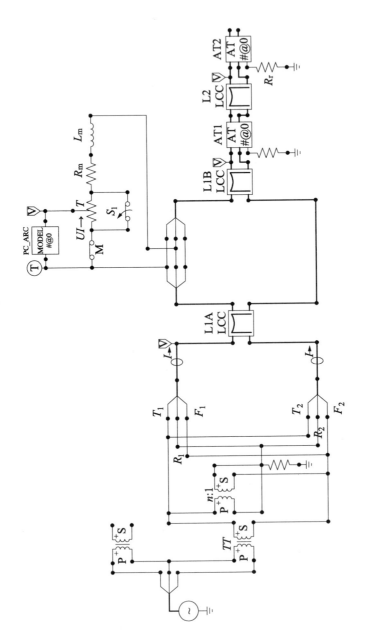

图 A3　ATP-EMTP 弓网离线仿真模型

附录 B　弓网离线电弧模型 MODELS 代码

弓网离线电弧模型 MODELS 代码如下。

```
MODEL PC_ARC
INPUT IB
OUTPUT RB
DATA I0,E0,k,belta,Larc,alpha,tau0,tau1,Gmin
VAR UB,RB,RB2,G,G1,G2,G3,expi2,tau,P0
INIT
    RB:=10E-8
ENDINIT
EXEC
    UB:=IB*RB
    IF (ABS(IB)>1.E-12)THEN
        G:=1./RB
        P0:=k*(G**belta)*Larc
        tau:=(tau1/EXP(alpha*ABS(IB)))+tau0
        expi2:=1/EXP((IB**2.)/(I0**2.))
        G1:=(1-expi2)*((UB*IB)/(E0*E0))
        G2:=expi2*((IB**2.)/P0)
        G3:=(Gmin+G1+G2-G)*(timestep/tau)
        RB2:=1./ABS(G3+G)
        RB:=RB2
```

ENDIF

ENDEXEC

ENDMODEL

附录 C   暂态数据集波形

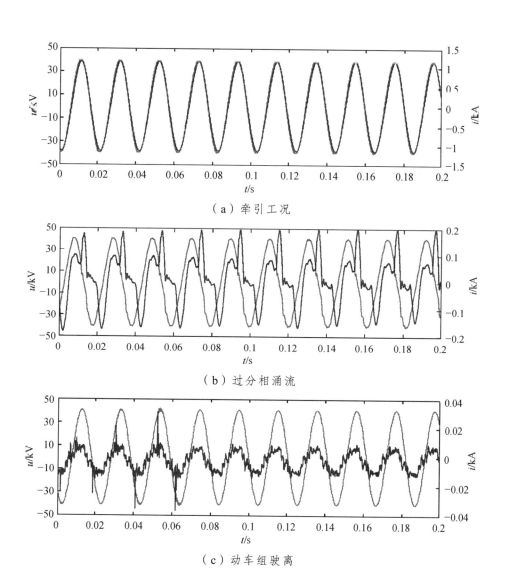

（a）牵引工况

（b）过分相涌流

（c）动车组驶离

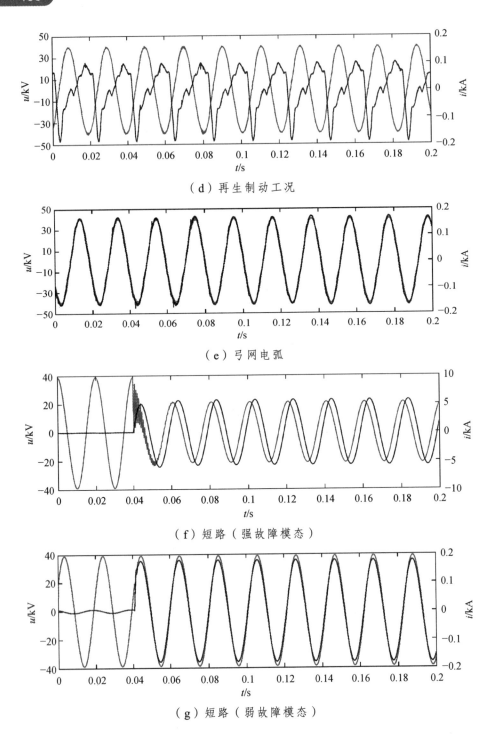

（d）再生制动工况

（e）弓网电弧

（f）短路（强故障模态）

（g）短路（弱故障模态）

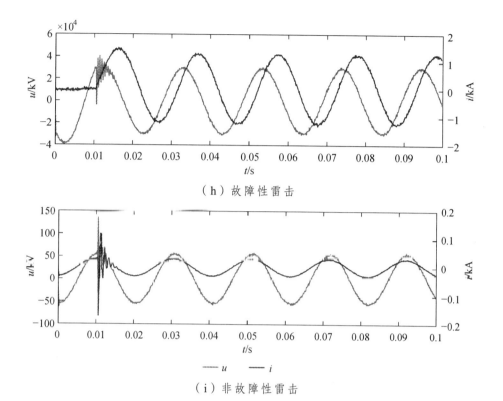

（h）故障性雷击

（i）非故障性雷击

图 C1　暂态数据集波形

附录 C 彩图